四川省工程建设地方标准

四川省城市抗震防灾规划标准

Standard for Urban Planning on Earthquake Resistance and Hazardous Prevention of Sichuan Province

DBJ51/066 – 2016

主编单位：四川省建筑科学研究院
批准部门：四川省住房和城乡建设厅
施行日期：2017年5月1日

西南交通大学出版社

2017 成 都

图书在版编目（CIP）数据

四川省城市抗震防灾规划标准/四川省建筑科学研究院主编. 一成都：西南交通大学出版社，2017.3
（四川省工程建设地方标准）
ISBN 978-7-5643-5315-5

Ⅰ. ①四… Ⅱ. ①四… Ⅲ. ①抗震措施－城市规划－标准－四川 Ⅳ. ①P315.9-65

中国版本图书馆 CIP 数据核字（2017）第 042999 号

四川省工程建设地方标准

四川省城市抗震防灾规划标准

主编单位 四川省建筑科学研究院

责任编辑	杨 勇
助理编辑	张秋霞
封面设计	原谋书装
出版发行	西南交通大学出版社 （四川省成都市二环路北一段 111 号 西南交通大学创新大厦 21 楼）
发行部电话	028-87600564 028-87600533
邮政编码	610031
网 址	http://www.xnjdcbs.com
印 刷	成都蜀通印务有限责任公司
成品尺寸	140 mm × 203 mm
印 张	3.5
字 数	88 千
版 次	2017 年 3 月第 1 版
印 次	2017 年 3 月第 1 次
书 号	ISBN 978-7-5643-5315-5
定 价	31.00 元

各地新华书店、建筑书店经销
图书如有印装质量问题 本社负责退换

关于发布工程建设地方标准《四川省城市抗震防灾规划标准》的通知

川建标发〔2017〕80号

各市州及扩权试点县住房城乡建设行政主管部门，各有关单位：

由四川省建筑科学研究院主编的《四川省城市抗震防灾规划标准》，经我厅组织专家审查通过，并报住房和城乡建设部备案，现批准为四川省工程建设强制性地方标准，编号为：DBJ51/066－2016，备案号为：J13617－2016，自2017年5月1日起在全省实施。其中，第3.0.2、第3.0.6条为强制性条文，必须严格执行。

该标准由四川省住房和城乡建设厅负责管理和对强制性条文的解释，四川省建筑科学研究院负责具体技术内容的解释。

四川省住房和城乡建设厅

2017年2月10日

前　言

本标准根据四川省住房和城乡建设厅《关于下达四川省工程建设地方标准〈四川省城市抗震防灾规划标准〉编制计划的通知》（川建标发〔2012〕264号）的要求，由四川省建筑科学研究院会同相关的高等院校、设计、企业等单位共同制定而成。

本标准在制定过程中，编制组依据了国家和四川省有关城市抗震防灾规划的法规文件，总结并吸取了汶川地震和芦山地震震害及其次生灾害的经验，充分考虑了我省社会资源环境抗震防灾承载能力、地震地质背景、地形地貌特征及社会经济发展状况，编制出征求意见稿广泛征求意见，经反复修改、完善后形成送审稿，最后经省住房和城乡建设厅组织会审定稿。

本标准共分9章、1个附录，主要技术内容为总则、术语、基本规定、城市用地、基础设施、城区建筑、地震次生灾害防御、避震疏散、紧急处置能力建设。

本标准以黑体字标志的条文为强制性条文，必须严格执行。

本标准由四川省住房和城乡建设厅负责管理和对强制性条文的解释，由四川省建筑科学研究院负责具体技术内容的解释。在实施过程中，请各单位注意总结经验、积累资料，并将意见和建议反馈给四川省建筑科学研究院（通讯地址：成都市一环路北三段 55 号，邮政编码：610081）。

主 编 单 位：四川省建筑科学研究院

参 编 单 位：成都市建工科学研究设计院
四川省地震局工程地震研究院
四川省城乡规划设计研究院
中铁西南科学研究院有限公司
西南交通大学
四川大学

主要起草人：凌程建　吴　体　高忠伟　高永昭
周荣军　刘　芸　黎　明　高红兵
潘　毅　张家国　肖承波　陈　曦
王　磊　颜茂兰　韩　震　卢立恒
余明久

主要审查人：樊　川　马东辉　补学东　王正卿
毛　敏　江小林　王明钰

目　次

1　总　则……………………………………………………1
2　术　语……………………………………………………2
3　基本规定…………………………………………………5
4　城市用地…………………………………………………12
　4.1　一般规定………………………………………………12
　4.2　评价要求………………………………………………13
　4.3　规划要求………………………………………………15
5　基础设施…………………………………………………17
　5.1　一般规定………………………………………………17
　5.2　评价要求………………………………………………19
　5.3　规划要求………………………………………………21
6　城区建筑…………………………………………………27
　6.1　一般规定………………………………………………27
　6.2　评价要求………………………………………………28
　6.3　规划要求………………………………………………29
7　地震次生灾害防御………………………………………30
　7.1　一般规定………………………………………………30
　7.2　评价要求………………………………………………30
　7.3　规划要求………………………………………………31
8　避震疏散…………………………………………………32
　8.1　一般规定………………………………………………32

8.2 评价要求 …………………………………………………… 33
8.3 规划要求 …………………………………………………… 35
9 紧急处置能力建设 …………………………………………… 38
附录 A 抗震防灾规划编制的基础资料 ………………………… 40
本标准用词说明 ………………………………………………… 45
引用标准名录 …………………………………………………… 47
附：条文说明 …………………………………………………… 49

Contents

1 General Provisions ········· 1
2 Terms ········· 2
3 Basic Requirements ········· 5
4 Urban Land Use ········· 12
4.1 General Requirements ········· 12
4.2 Evaluation Requirements ········· 13
4.3 Planning Requirements ········· 15
5 Infrastructures ········· 17
5.1 General Requirements ········· 17
5.2 Evaluation Requirements ········· 19
5.3 Planning Requirements ········· 21
6 Urban Buildings ········· 27
6.1 General Requirements ········· 27
6.2 Evaluation Requirements ········· 28
6.3 Planning Requirements ········· 29
7 Secondary Earthquake Disaster Prevention ········· 30
7.1 General Requirements ········· 30
7.2 Evaluation Requirements ········· 30
7.3 Planning Requirements ········· 31
8 Seismic Shelter for Evacuation ········· 32
8.1 General Requirements ········· 32

8.2 Evaluation Requirements ······ 33
8.3 Planning Requirements ······ 35
9 Emergency Disposal Preparedness ······ 38
Appendix A Supplementary Materials of Planning on Earthquake Resistance and Hazardous Prevention ······ 40
Explanation of Word in This Standard ······ 45
Lists of Quoted Standards ······ 47
Addition: Explanation of Provisions ······ 49

1 总 则

1.0.1 为提高四川省城市抗震防灾的综合能力，最大限度地减轻地震灾害，保护人民生命和财产安全，依据《中华人民共和国防震减灾法》《中华人民共和国城乡规划法》《四川省防震减灾条例》等法律法规和《城市抗震防灾规划管理规定》，结合四川省实际，制定本标准。

1.0.2 本标准适用于四川省的城市抗震防灾规划编制。

1.0.3 城市抗震防灾规划应贯彻“预防为主，防、抗、避、救相结合”的方针，根据城市抗震防灾的实际需要，以人为本、平灾结合、因地制宜、突出重点、统筹规划，遵循城市总体规划中确定的城市性质、规模和范围，与城市总体规划相互衔接，同步实施。

1.0.4 城市抗震设防烈度应按国家规定的权限审批、颁发的文件（图件）确定。

1.0.5 城市抗震防灾规划的适用期限应与城市总体规划相一致，当难以与城市总体规划同时编制或修订时，规划末期限宜一致。

1.0.6 城市规划区中的大型工矿、电力企业和易产生次生灾害的生产、贮存企业应当编制抗震防灾规划，并应与城市抗震防灾规划相衔接。

1.0.7 城市抗震防灾规划，除应符合本标准外，尚应符合国家现行有关标准的规定。

2 术 语

2.0.1 工作区 working district for assessment and planning

根据城市抗震防灾规划要求，对城市规划区所划分的界定所需进行工作项目的分区。

2.0.2 抗震性能评价 earthquake resistant performance assessment or estimation

在给定的地震危险条件下，对给定区域、给定用地或给定工程或设施，针对是否需要加强抗震安全、是否符合抗震要求、地震灾害程度、地震破坏影响等方面所进行的单方面或综合性评价或估计。

2.0.3 群体抗震性能评价 earthquake resistant capacity assessment or estimation for group of structures

根据统计学原理，选择典型剖析、抽样预测等方法对给定区域的建筑或工程设施进行整体抗震性能评价。

2.0.4 单体抗震性能评价 earthquake resistant capacity assessment or estimation for individual structure

对给定建筑或工程设施结构逐个进行抗震性能评价。

2.0.5 城市基础设施 urban infrastructures

维持现代城市或区域生存的功能系统以及对国计民生和城市抗震防灾有重大影响的基础性工程设施系统，包括供电、供水和供气系统的主干管线和交通系统的主干道路以及对抗震救灾起重要作用的供电、供水、供气、交通、指挥、通信、医疗、消防、物资供应及保障等系统的建筑物和构筑物。

2.0.6 应急保障基础设施 emergency function-ensuring infrastructures for disaster response

交通、供水、供电、通信等城市基础设施中，保障应急救援和抢险避难顺利进行所必需的工程设施。

2.0.7 避震疏散场所 seismic emergency congregate shelter

用作因地震产生的避难人员集中进行救援和避难生活的避难场地和避难建筑，简称避难场所。避难场所可划分为紧急避难场所、固定避难场所和中心避难场所，固定避难场所可划分为短期固定避难场所、中期固定避难场所和长期固定避难场所。

2.0.8 避难建筑 congregate sheltering structure

用于应急救援或避难、可有效保证使用人员抗震安全的建筑。

2.0.9 防灾公园 disasters prevention park

城市中用作中心避难场所或固定避难场所，承担应急救灾功能，可满足避震疏散要求、有效保证疏散人员安全的公园。

2.0.10 专题抗震防灾研究 special task research on earthquake resistance and disaster prevention

针对城市抗震防灾规划需要，对城市建设与发展中的特定抗震防灾问题进行的专门抗震防灾评价研究。

2.0.11 地震地质单元 seismic geologic unit

反映成因环境、岩土性能和发育规律、潜在场地效应和土地利用及相应措施方面性差异的最小地质单元。一般可以规划工作区工程地质评价结果结合本标准的评价要求进行划分和确定。

2.0.12 应急通道 emergency route

应对突发地震应急救援和抢险避难、保障震后应急救灾和疏散避难活动的交通工程设施，通常包括救灾干道、疏散主通道、疏散次通道和一般疏散通道。

2.0.13 抗震应急功能保障分级 seismic classification for ensuring emergency capability

城市直接服务于应急救灾和避震疏散的交通、供水、供电、通信等应急保障基础设施,综合考虑地震发生时需要提供的应急功能、在抗震救灾中的作用以及可能造成的人员伤亡、直接和间接损失、社会影响程度等因素，对其所做的功能保障分级。

2.0.14 有效避难面积 effective sheltering area

避难场所内用于人员安全避难的应急宿住区及其配套应急保障基础设施和辅助设施的避难场地与避难建筑面积之和。

3 基本规定

3.0.1 城市抗震防灾规划应包括下列内容：

1 城市抗震防灾现状的基本概况：

1）城市发展概况，以及地形地理环境、地震地质背景；

2）前期抗震防灾规划的实施状况的评估；

3）城市抗震防灾的总体现状的分析，包括震害预测和抗震能力评估；

4）主要次生灾害危险源、危险点等现状；

5）城市工程建设、基础设施、应急保障设施、避震疏散设施等抗震防灾现状。

2 城市抗震防灾规划总体要求：

1）抗震防灾规划总体目标、原则、控制指标、基本要求、规划范围、适用期限等；

2）城市总体布局中的减灾策略和对策。

3 城市用地规划的抗震适宜性划分和要求。

4 重要建筑、新建工程的建设与改造等抗震要求和措施。

5 城市基础设施的规划布局、建设与改造等抗震对策、措施和要求。

6 应急保障基础设施的规划布局、抗震设防标准、应急对策和措施、建设和改造的抗震要求。

7 主要次生灾害危险源、危险点的抗震防灾要求和措施。

8 避震疏散场所及疏散通道的建设与改造等抗震防灾要求和措施。

9 规划的实施和保障。

3.0.2 城市抗震防灾规划必须明确规定下列内容：

1 应纳入城市总体规划的强制性要求；

2 不适宜城市抗震防灾的用地限制建设范围及相应的限制使用要求；

3 应急保障基础设施、中心避难场所和固定避难场所的用地控制及抗震防灾措施要求；

4 城市主要交通出入口及布局建设要求；

5 用于直升机运输与救援的空旷场地建设要求；

6 建筑密集且高易损性城区、救灾避难困难区的城市改造规划要求和防治措施，以及重大危险源次生灾害高风险区防护要求及须特别提出的抗震防灾措施。

3.0.3 按照本标准进行城市抗震防灾规划，应达到下列基本防御目标：

1 当遭受多遇地震影响时，城市功能正常运转，建设工程一般不发生破坏；

2 当遭受相当于本地区地震基本烈度的地震影响时，城市生命线系统和重要设施基本正常，一般建设工程可能发生破坏但基本不影响城市整体功能，重要工矿企业能很快恢复生产或运营；

3 当遭受罕遇地震影响时，城市功能基本不瘫痪，要害系统、生命线系统和重要工程设施不遭受严重破坏，无重大人员伤亡，不发生严重的次生灾害。

3.0.4 城市抗震防灾规划可针对城市地理环境及地震危险性，对下述城市区域或工程设施，可提出比遭遇罕遇地震影响更高的防御要求和抗震防灾对策：

1 涉及国家和区域安全、城市重要功能建筑工程聚集、对地区或城市经济可能产生重大影响等对城市建设与发展特别重要的区域，对保障城市基本功能特别重要的行业或系统，影响救援、救灾物资运输和实施对外疏散的工程设施；

2 可能导致特大地震灾害或特大次生灾害的城市区域，可能发生灾难性后果的重大危险源库/区和重大工程设施。

3 位于高山峡谷地区，以及地震时易因与外界交通要道单一而导致应急救援难以实施的城市区域。

3.0.5 城市抗震防灾规划应当按照城市性质、规模、重要性和抗震防灾要求，分为甲、乙、丙三类编制模式，其编制深度应符合本标准相关规定。

3.0.6 各级城市必须编制城市抗震防灾规划，且编制模式应符合下列规定：

1 超大城市、特大城市、位于 7 度及以上抗震设防区的大城市，应采用甲类模式；

2 中等城市、6 度抗震设防区的大城市，应采用不低于乙类模式；

3 其他城市应采用不低于丙类模式。

3.0.7 城市局部区域的抗震防灾规划编制模式，应按不低于城市整体抗震防灾规划的编制模式确定。

3.0.8 进行城市抗震防灾规划时，应对规划区内的下列工程及设施的抗震防灾专业规划提出总体要求。抗震防灾专业规划应按行业规定编制，并不应低于本标准相关规定的要求：

1 易燃易爆、易对空气和水源产生污染或次生灾害的工程及设施；

2 水库、水电站等地震高风险工程设施；

3 交通、通信、供电、供气、供水，以及抢险救灾的医疗、物资储备等重要工程设施；

4 涉及核工程等国防工程设施。

3.0.9 当进行城市抗震防灾规划的专题抗震防灾研究时，可根据城市的抗震防灾规划编制模式要求，对不同区域现有建筑物和工程设施遭遇地震可能发生的震害和次生灾害进行预测评估。

3.0.10 进行城市抗震防灾规划和专题抗震防灾研究时，可根据城市不同区域的灾害及环境影响特点、灾害的规模效应、工程设施的分布特点，以及抗震防灾的侧重点，将城市规划区按照四种类别进行工作区划分，且城市抗震防灾规划所确定的工作区类别应符合下列规定：

1 甲类模式城市规划区内的建成区和近期建设用地应为一类工作区；

2 乙类模式城市规划区内的建成区和近期建设用地、地处高山峡谷的城市的对外应急救援通道用地不应低于二类工作区；

3 丙类模式城市规划区内的建成区和近期建设用地不应低于

三类工作区；

4 城市的中远期建设用地不应低于四类规划工作区。

3.0.11 不同工作区的城市用地、基础设施、城区建筑和其他专题的主要工作项目应符合表3.0.11的规定。

表3.0.11 不同工作区的主要工作项目

主要工作项目分类及名称			工作区类别			
分　类	序号	项目名称	一类	二类	三类	四类
城市用地	1	场地环境与勘察资料综合评估	√	√	#	×
	2	用地抗震类型分区	√*	√	#	#
	3	场地地震破坏效应评价	√*	√	#	#
	4	不利地段、危险地段划分	√*	√	#	#
	5	用地抗震适宜性评价	√*	√	√	√
	6	用地限制建设对策和抗震防灾要求	√	√	#	#
基础设施	7	应急功能保障布局和抗震防灾要求	√	√	√	-
	8	应急保障基础设施抗震性能评价	√*	√	#	-
	9	医疗、通信、消防、救灾物资储备库重要建筑抗震性能评价	√*	√	#	-
	10	基础设施系统抗震防灾要求	√	√	√	√
城区建筑	11	群体建筑抗震性能评价	√	√	#	-
	12	抗震薄弱区划定和评价	√*	√	#	#

续表

主要工作项目分类及名称			工作区类别			
分　类	序号	项目名称	一类	二类	三类	四类
城区建筑	13	建筑加固改造抗震要求与减灾对策	√	√	#	–
	14	新建工程抗震防灾措施	√	√	√	√
	15	重要建筑工程抗震性能评价及抗震防灾措施	√*	√	√	√
其他专题	16	避难人口规模、分布评价	√*	√	√	×
	17	救灾避难困难区评价	√*	√	#	×
	18	固定避难场所安全评价	√*	√	#	×
	19	避难场所责任区划	√*	√	#	×
	20	地震次生灾害防御要求与减灾对策	√*	√	#	×
	21	需要专门研究的特定抗震防灾问题	–	–	–	×

注：表中的“√”表示应做的工作项目，“#”表示宜做的工作项目，“–”表示可选做的工作项目，“×”表示可不做的工作项目，* 表示宜开展专题抗震防灾研究的工作内容。

3.0.12　城市抗震防灾规划的成果应包括规划文本、图件及说明书，规划成果应提供电子文件格式，图件比例尺应满足城市总体规划的要求。甲、乙类编制模式应提供 GIS 格式电子文件，纳入数字城市管理。

3.0.13　城市抗震防灾规划宜建立并实施信息管理系统。

3.0.14 对省级及以上的历史文化名城中的保护区域或重点保护建筑，国家级风景名胜区、国家级自然保护区和列入世界遗产名录的地区等，宜根据需要做专门研究或编制专门的抗震保护规划。

3.0.15 在进行城市抗震防灾规划时，应充分收集和利用城市现有的各类基础资料、相关规划成果和已有的专题研究成果。相关资料的调查和收集宜采用实地勘察与查阅资料相结合的方式进行。当现有资料不能满足本标准所规定的要求时,应补充进行现场勘察测试、调查及专题抗震防灾研究。所需的基础资料要求见附录 A，根据城市抗震防灾规划编制的模式和地震灾害的特点,可有所侧重和选择。

3.0.16 城市抗震防灾规划实施中应在下列情况下及时进行修编：

1 城市总体规划进行修编时；

2 城市抗震防御目标或抗震设防标准发生重大变化时；

3 城市遭受相当于或超过设防烈度的地震影响，对应城市抗震防灾规划基本防御目标的抗震防灾体系存在明显缺陷或已遭到破坏时；

4 城市功能、规模或基础资料发生较大变化，现行抗震防灾规划已不能适应时；

5 其他有关法律法规规定或具有特殊情形时。

4 城市用地

4.1 一般规定

4.1.1 城市抗震防灾规划中的城市用地，应综合城市用地评定、地质灾害防治专业规划和建设用地地质灾害危险性评估结果，在城市用地抗震防灾类型分区及场地地震破坏效应评价的基础上，根据城市发展的实际需求进行城市用地抗震性能评价和规划。

4.1.2 进行城市用地抗震性能评价时，应充分收集和利用城市现有的地震地质环境、场地环境及工程勘察资料，所需钻孔资料应能满足本章所规定的用地评价要求。对于现有钻孔资料不满足评价要求的城市用地区域，应按现行国家标准《建筑抗震设计规范》GB 50011 和《岩土工程勘察规范》GB 50021 的规定进行补充勘察、测试及试验。

4.1.3 进行城市用地抗震性能评价时所需钻孔资料，应符合下列规定：

1 对一类工作区，每平方千米不少于 1 个钻孔；

2 对二类工作区，每两平方千米不少于 1 个钻孔；

3 对三、四类工作区，不同地震地质单元不少于 1 个钻孔。

4.1.4 对已进行过城市用地抗震性能评价的城市用地区域，宜在已有成果资料的基础上进行复核，并按照本标准规定的评价要求进行必要的补充和完善。

4.2 评价要求

4.2.1 城市用地应在综合评估工作区地质地貌成因环境和典型勘察钻孔资料的基础上，进行抗震防灾类型分区，并应符合下列规定：

1 用地抗震防灾类型分区，可根据场地的地质和岩土特征按表4.2.1的要求进行划分；

2 工程地质环境较复杂时宜进行地震工程地质分区；

3 一类、二类工作区，以及需进行地震动参数区划的工作区的城市用地抗震防灾类型分区，宜按现行《建筑抗震设计规范》GB 50011的场地类别划分方法，并结合场地的地震工程地质特征进行划分；

4 不同用地抗震类型的设计地震动参数，可按现行《建筑抗震设计规范》GB 50011有关规定中的对应同类别场地确定，或通过专题抗震防灾研究确定。

表 4.2.1 用地抗震防灾类型评估地质方法

<table>
<tr><th colspan="2">用地抗震类型</th><th>主要地质和岩土特性</th></tr>
<tr><td rowspan="2">I 类</td><td>I_0类</td><td>坚硬岩石裸露分布区</td></tr>
<tr><td>I_1类</td><td>上覆松散地层厚度小于3 m的基岩分布区；破碎和较破碎的岩石或软和较软的岩石、密实的碎石出露分布区</td></tr>
<tr><td colspan="2">II 类</td><td>二级及其以上阶地分布区；风化的丘陵区；河流冲积相地层厚度不大于50 m分布区；软弱海相、湖相地层厚度大于5 m且不大于15 m的分布区</td></tr>
<tr><td colspan="2">III 类</td><td>一级及其以下阶地地区，河流冲积相地层厚度大于50 m分布区；软弱海相、湖相地层厚度大于15 m且不大于80 m的分布区</td></tr>
<tr><td colspan="2">IV 类</td><td>软弱海相、湖相地层厚度大于80 m分布区</td></tr>
</table>

4.2.2 城市用地地震破坏及不利地形影响评估应包括对场地液化、软土震陷、地表断错、地质滑坡、震陷及不利地形等影响进行估计，划定潜在危险地段。场地地震液化、软土震陷破坏效应宜分别按设防地震作用和罕遇地震作用进行评价。

4.2.3 地处山地的城市，应对危害城市发展的潜在不稳定边坡诱因进行综合分析，评价其在地震作用下的危害性和对抗震救灾的影响。

4.2.4 城市用地抗震适宜性评价应按表 4.2.4 进行分区。

表 4.2.4 城市用地抗震适宜性评价要求

类别	适宜性地质、地形、地貌描述	城市用地选择抗震防灾要求
适宜	不存在或存在轻微影响的场地地震破坏因素，一般无需采取整治措施： （1）场地稳定； （2）无或轻微地震破坏效应； （3）用地抗震防灾类型 I 类或 II 类； （4）无或轻微不利地形影响	应符合国家相关标准要求
较适宜	存在一定程度的场地地震破坏因素，可采取一般整治措施满足城市建设要求： （1）场地存在不稳定因素； （2）用地抗震防灾类型 III 类或 IV 类； （3）软弱土或液化土发育，可能发生中等及以上液化或震陷，可采取抗震措施消除； （4）条状突出的山嘴，高耸孤立的山丘，非岩质的陡坡，河岸和边坡的边缘，平面分布上成因、岩性、状态明显不均匀的土层（如故河道、疏松的断层破碎带、暗埋的塘滨沟谷和半填半挖地基）等地质环境条件复杂，存在一定程度的地质灾害危险性	工程建设应考虑不利因素影响，应按照国家相关标准采取必要的工程治理措施，对于重要建筑尚应采取适当的加强措施

续表

类别	适宜性地质、地形、地貌描述	城市用地选择抗震防灾要求
有条件适宜	存在难以整治场地地震破坏因素的潜在危险性区域或其他限制使用条件的用地，由于经济条件限制等各种原因尚未查明或难以查明： （1）存在尚未明确的潜在地震破坏威胁的危险地段； （2）地震次生灾害源可能有严重威胁； （3）存在其他方面对城市用地的限制使用条件	作为工程建设用地时，应查明用地危险程度，属于危险地段时，应按照不适宜用地相应规定执行，危险性较低时，可按照较适宜用地规定执行
不适宜	存在场地地震破坏因素，但通常难以整治： （1）可能发生滑坡、崩塌、地陷、地裂、泥石流等的用地； （2）发震断裂带上可能发生地表位错的部位； （3）其他难以整治和防御的灾害高危害影响区	不应作为工程建设用地。基础设施管线工程无法避开时，应采取有效措施减轻场地破坏作用，满足工程建设要求

注：1　根据该表划分每一类场地抗震适宜性类别，从适宜性最差开始向适宜性好依次推定，其中一项属于该类，即划为该类场地；

2　表中未列条件，可按其对工程建设的影响程度比照推定。

4.3　规划要求

4.3.1　城市用地抗震适宜性规划应根据各工作区的城市用地抗震性能和抗震适宜性评价划分结果，综合考虑城市用地布局、社会经济等因素，制定城市发展的用地选择原则、指导意见和具体要求；

提出城市规划建设用地选择与相应城市建设抗震防灾要求和对策。

4.3.2 城市用地的规划，应明确禁止或限制工程建设使用的抗震要求；当基础设施管线工程无法避开时，应要求采取有效措施减轻场地破坏作用。对有条件适宜的用地，应明确限制使用和采取的抗震防灾措施的要求。

4.3.3 规划区内存在发震断裂、能动断裂地区的用地抗震适宜性规划，应依据活断层探测评价的结论，分析断层可能导致危害的程度，综合考虑建筑工程的功能和重要性，结合城市用地综合控制，提出下列建设规划要求：

1 针对建筑工程的功能、重要性和应急功能保障要求，对建筑使用功能、人员密度，以及建筑规模、高度、密度、间距等提出规划限制要求；

2 针对可能建设的建筑工程的基础形式、结构体系以及相应的抗震设计要求，提出抗震措施等配套对策。

4.3.4 当液化等级为中等液化和严重液化的故河道、现代河滨存在液化侧向扩展或流滑可能时，宜把液化侧向扩展或流滑及其影响区作为有条件适宜用地，并应符合下列规定：

1 液化侧向扩展或流滑及其影响区不应小于距常时水线100 m；

2 液化侧向扩展或流滑及其影响区不宜规划安排修建永久性建筑，并应明确抗滑动验算、防土体滑动、结构抗裂等抗震防灾措施。

4.3.5 土地利用抗震规划的评价精度应满足城市总体规划要求。

5　基础设施

5.1　一般规定

5.1.1　城市基础设施的抗震防灾规划，应按照城市抗震防灾的总体要求，结合城市基础设施的相关专业规划，根据其抗震性能、薄弱环节评价结果和应急功能保障要求，提出基础设施、应急保障基础设施及相关建筑工程的规划布局、建设和改造的抗震防灾要求。

5.1.2　基础设施抗震防灾规划应根据城市的规模和特点，确定城市抗震防灾的应急保障基础设施，并根据其保障对象的应急功能保障的要求确定其应急功能保障级别。应急基础设施应按确定的应急功能保障级别要求进行评价和规划。

5.1.3　直接服务于城市应急救灾和避震疏散的交通、供水、供电、通信等应急保障基础设施的抗震应急功能保障级别，应按下列规定划分为三级。

1　Ⅰ级：应急功能不能中断或中断后须立即恢复的应急保障基础设施。

2　Ⅱ级：应急功能基本不能中断或中断后须迅速恢复的应急保障基础设施。

3　Ⅲ级：除Ⅰ、Ⅱ级外的应急功能在中断后须尽快恢复的其他应急保障基础设施。

5.1.4　用于保障下列建筑及工程设施的交通、供水等应急保障基础设施的抗震应急功能保障级别应为Ⅰ级：

1 城市应急指挥中心、应急供水、应急物资储备分发、应急医疗卫生和专业救灾队伍驻扎区的避难场所、大型救灾用地；

2 承担保障基本生活和救灾应急供水的主要取水设施和输水管线、水质净化处理厂的主要水处理建（构）筑物、配水井、泵房、中控室、化验室；

3 承担重大抗震救灾功能的城市主要出入口，城市交通网络中占关键地位、承担交通量大的大跨度桥，承担抗震救灾任务的机场、港口；

4 消防指挥中心、特勤消防站；

5 中央级和省级救灾物资储备库。

5.1.5 用于保障下列建筑及工程设施的交通、供水等应急保障基础设施的抗震应急功能保障级别不应低于Ⅱ级：

1 城市区域应急指挥中心、中长期固定避难场所、重大危险品仓库、承担重伤员救治任务的应急医疗卫生场所、疾病预防与控制中心等；

2 承担保障基本生活和救灾应急供水的主要配水管线及配套设施，长期设置的应急储水设施；

3 高速铁路、客运专线（含城际铁路）、客货共线Ⅰ级与Ⅱ级干线和货运专线的铁路枢纽，高速公路、一级公路及城市交通网络中的交通枢纽；

4 本标准第5.1.4条第4款规定外的其他消防站；

5 县级以上的救灾物资储备库，区级应急物资储备分发场地。

5.1.6 用于保障下列建筑及工程设施的交通、供水等应急保障基础设施的抗震应急功能保障级别不应低于Ⅲ级：

1 城市供水系统中服务人口超过 30 000 人的主干管线及配套设施；

2 短期固定避难场所，承担应急任务的其他医疗卫生机构、应急物资储备分发场地。

5.1.7 应急指挥、医疗卫生、消防、供水、通信等建筑工程，以及需要确保应急机械通风的物资储备和避难建筑所依托的各级变配电建筑及工程设施的应急功能保障级别，应按本标准第 5.1.4 条～5.1.6 条中的原则确定。

5.1.8 城市应急医疗卫生、消防和物资储备建筑工程的抗震要求应符合下列规定：

1 具有Ⅰ级抗震应急功能保障医院中承担特别重要医疗任务的门诊、医技、住院用房，抗震设防类别应划为特殊设防类；

2 除本条第 1 款规定以外的具有Ⅰ、Ⅱ级抗震应急功能保障医院的门诊、医技、住院用房，承担外科手术或急诊手术的医疗用房，抗震设防类别应划为重点设防类；

3 消防站的消防车库、消防通信与消防值班用房和宿舍应划分为不低于重点设防类；

4 中央级救灾物资储备库抗震设防类别应划为特殊设防类，省、市、县级救灾物资储备库不应低于重点设防类。

5.2 评价要求

5.2.1 当城市抗震防灾规划编制模式为甲、乙类时，其应急保障基础设施系统的抗震性能和应急功能保障能力，应按罕遇地震的影响进行评价；当为丙类编制模式时，宜按罕遇地震的影响进行评价。基础设施系统的抗震性能和应急功能保障能力的评价，应围绕城市抗震防灾的总体目标要求，以及城市地震灾害特点和抗震防灾应急的需求进行分析。

5.2.2 对城市基础设施各系统的建筑物和构筑物，当采用群体分类抽样抗震性能评价方法评估城市基础设施时，其抽样要求宜符合本标准第6章的有关规定。

5.2.3 下列应急基础设施的重要建筑工程应进行单体建筑抗震性能评价：

1 Ⅰ、Ⅱ级应急交通、供水、供电等应急保障基础设施的主要建筑和工程；

2 对城市抗震救灾和疏散避难起重要作用的应急指挥、医疗卫生、消防、物资储备分发、通信等特殊设防类、重点设防类建筑工程；

3 供气系统、医疗卫生系统中存放一级和二级重大危险源的建筑工程。

5.2.4 城市应急供水系统的抗震性能评价，应对应急供水系统的设施和重要建（构）筑物、供水主干管线的抗震性能，以及与应急功能保障对象的应急供水的可靠性等进行系统的分析评价，并应着重对影响应急供水系统的关键节点、薄弱环节，以及应急供水系统功能失效的影响范围和危害程度进行分析。

5.2.5 城市应急交通系统抗震性能评价，应对应急交通系统的主干网络中的道路、桥梁、隧道等进行抗震性能评价，以及与应急功能保障对象连接的应急通道的可靠性进行系统的分析评价，并应着重对影响应急交通的关键节点、薄弱环节，以及应急交通系统功能失效的影响范围和危害程度进行分析。

5.2.6 城市应急供电系统抗震性能评价，应对应急供电系统的电厂、变电站及控制室等中的重要建筑和关键设备、输电线路和塔架，以及应急功能保障对象的应急供电可靠性进行系统的分析评价，并应着重对影响应急供电系统的关键节点、薄弱环节，以及应急供电系统功能失效的影响范围和危害程度进行分析。

5.2.7 城市供气系统的抗震性能评价，应对生产供气的厂（场）站、储气站等中的重要建筑物和工程设施，以及输气管道、区域开关站等进行系统的抗震性能分析评价，并应着重对影响供气系统的关键节点、薄弱环节，以及可能引起的潜在火灾或爆炸影响范围和危害程度进行分析。

5.2.8 城市抗震救灾起重要作用的基础设施和应急保障基础设施中的重要设备设施，应结合专业规划的规定和保障对象抗震应急功能的需求进行分析评价。应对具有危害安全的放射性、毒性、爆炸性、易燃性等设备设施和物资储备装置的抗震性能进行分析评价，并对破坏或失效后可能产生的危害范围和危害程度进行分析。

5.3 规划要求

5.3.1 基础设施的抗震防灾规划主要内容应符合下列要求：

1 根据城市抗震防灾的总体目标，针对基础设施各系统的抗震性能评价和在抗震救灾中的重要作用，提出相应的抗震防御目标、抗震措施，以及建设与改造规划的目标、安排和要求；

2 根据对应急保障基础设施的评价和应急保障对象的应急功

能需求，针对应急保障基础设施中的抗震隐患和应急保障功能的薄弱环节，提出建设与改造规划的目标、安排、保障措施和对策；

3 根据对基础设施系统中因地震可能引发的火灾和爆炸、有毒物品和放射性污染等的重大危险源的评价，提出规划布局、选址搬迁、防护治理的建设与改造规划的目标、安排和要求，以及防控次生灾害对策和措施；

4 根据对城市用地抗震性能的评价和抗震适宜性的划分，提出城市基础设施中重要建筑物、线路管网等设施的建设与改造规划的目标、安排和要求，以及应急保障的对策和措施。

5.3.2 基础设施的抗震防灾规划，必须对下列基础设施的建筑及工程设施予以确定和明确要求：

1 确定基础设施中需要加强抗震安全的重要建筑和构筑物、关键设备，提出建设和改造要求；

2 确定应急供水、交通和供电等应急保障基础设施规模和布局，明确其抗震应急功能保障级别、抗震设防标准和抗震措施，提出建设和改造要求；

3 确定位于或穿越有条件适宜和不适宜用地上的应急保障基础设施，提出满足适应场地最大灾害效应造成的破坏位移的要求所采取的相应抗震防灾措施。

5.3.3 对城市中的应急指挥、医疗卫生、消防、物资储备分发、避难场所、重大工程设施、重大次生灾害危险源等应急功能保障对象，应根据保障对象的应急功能需求规划安排相适应的交通、供水、供电、通信等应急保障基础设施。应急保障基础设施可采用冗余设置、增强抗震能力或多种组合的保障方式，且应满足下列要求：

1　当应急保障基础设施采用增强抗震能力的方式时，Ⅰ级应急保障基础设施的主要建筑工程应采取高于重点设防类的抗震措施，Ⅱ、Ⅲ级应急保障基础设施的主要建筑工程应采取不低于重点设防类的抗震措施；

2　当应急保障基础设施的应急功能保障采用增设冗余设置方式时，可允许适当降低抗震设防类别，其中Ⅰ级应急保障基础设施主要建筑工程的抗震设防类别不应低于重点设防类，Ⅱ、Ⅲ级应急保障基础设施主要建筑工程的抗震设防类别不应低于标准设防类。

5.3.4　应急供水保障基础设施的抗震防灾规划，应结合城市供水基础设施的抗震性能评价、应急供水保障对象、应急蓄水的需求，以及应急期间人员基本生活用水的需要，提出建设和改造的规划目标、安排和抗震措施要求，且应符合下列规定：

1　应急供水保障基础设施的抗震性能和功能应满足抗震防灾的要求，应急市政供水保障设施应相互连接，供水管网系统宜采用环状管网；

2　应急供水保障对象的应急供水来源，除采用应急市政供水保障设施外，尚应设置应急储水装置或应急取水等备用水源设施或途径，备用水源设施或途径应能保障紧急或临时阶段的基本需水量；

3　对地震引起的次生火灾的应急消防供水，可综合考虑市政应急供水保障系统、应急储水及取水体系和其他天然水系进行规划，并应采取可靠的消防取水措施；

4　应急市政供水保障设施的供水量核算，应考虑地震后的实际供水能力，且人均需水量不应低于表 5.3.4 的定额。

表 5.3.4　应急给水期间的人均需水量

应急阶段＼内容	时间/d	需水量/ L·人$^{-1}$·d^{-1}	水的用途
紧急或临时	3	3	维持基本生存的生活用水
短期	15	10	维持基本生活用水和医疗用水
中期	30	20	维持基本正常生活用水和医疗用水
长期	100	30	维持正常生活较低用水量以及关键节点用水
伤病人员	100	35	维持基本生存的生活用水和医疗抢救用水
医疗人员	100	10	维持医疗人员基本生存的生活用水

注：表中应急供水定额未考虑消防等救灾需求。

5.3.5　应急通道保障基础设施的抗震防灾规划，应结合城市交通道路基础设施的抗震性能评价，以及应急交通保障对象的需求和功能保障级别，提出建设和改造的规划目标、安排和抗震措施要求，且应符合下列要求。

1　应急通道的设置要求应符合表 5.3.5 的要求。

表 5.3.5　应急通道的设置要求

抗震应急功能保障级别	应急救灾与应急通道可选择形式
Ⅰ	救灾干道两个方向及以上的疏散主通道
Ⅱ	救灾干道疏散主通道 两个方向及以上的疏散次通道
Ⅲ	救灾干道 疏散主通道 疏散次通道

2　应急通道应保障抢险救灾和疏散活动的安全畅通，对影响应急通道的主要出入口、交叉口的建筑物，以及通道上的桥梁、隧道、边坡工程等关键节点，应提出相应抗震要求和保障措施。

3　应急通道的有效宽度，救灾干道严禁低于 15 m，疏散主通道严禁低于 7 m，疏散次通道严禁低于 4 m；跨越应急通道的各类工程设施，通道净空高度严禁低于 4.5 m。

5.3.6　应急供电保障基础设施的抗震防灾规划，应结合城市供电基础设施的抗震性能评价、应急供电保障对象的需求，以及抢险救灾应急保障的要求，提出建设和改造的规划目标、安排和抗震措施要求，且符合下列要求：

1　Ⅰ级抗震应急供电保障必须采用双重电源供电，并配置应急电源；

2　Ⅱ级抗震应急供电保障应采用双重电源或两回线路供电，当采用两回线路供电时，应配置应急电源；

3　Ⅲ级抗震应急供电保障宜采用双重电源或两回线路供电。当无法采用双重电源或两回线路供电时，应配置应急电源；

4　应急电源供电系统应设置应急发电机组，其供电容量应满足应急救灾和避难时一级、二级电力负荷的要求。Ⅰ级抗震应急供电保障的应急发电机组台数不应少于 2 台，每台机组的容量应满足救灾和避难时一级电力负荷的用电需要；

5　当应急发电机组台数为 2 台及以上时，除 1 台应采用应急发电机外，处于备用状态应急发电机，可选择设置蓄电池组电源，其连续供电时间不应少于 6 h，并应考虑蓄电池组的充电负荷进行设置；

6 双重电源的任一电源及两回线路的任一回路均可独立工作，并均应满足灾时一级负荷、消防负荷和不小于50%的正常照明负荷用电需要；至少一路的应急供电应满足应急供电保障对象的需求，当无法满足时，应增配备用应急发电机组，其容量应满足灾时一、二级负荷的应急用电需要。

5.3.7 应急医疗卫生建筑工程的规划建设，应根据医院应急功能保障级别和服务范围内人员的规模进行规划布局、建设和改造，并应符合下列要求：

1 Ⅰ级抗震应急功能保障医院服务范围的常住人口规模不应大于 50 万人；

2 Ⅱ级抗震应急功能保障医院服务范围的常住人口规模不应大于20万人。

6 城区建筑

6.1 一般规定

6.1.1 城区建筑的城市抗震防灾规划应开展下列工作内容：

1 收集城区建筑资料，并结合城区建设和改造规划对其进行抗震性能评价；

2 根据抗震性能评价结果划定高密度、高危险的城区，并对其提出拆迁、加固和改造的对策及要求；

3 对位于不适宜用地上的建筑和抗震性能薄弱的建筑提出拆迁、加固和改造的对策和要求；

4 对既有重要建筑提出进行改造、加固的要求和措施；

5 对新建工程制定规划对策和防灾措施；

6 对于大中城市旧城区，宜单独编制旧城抗震加固改造规划。

6.1.2 根据建筑的重要性、抗震防灾要求及其在抗震防灾中的作用，可将城区建筑划分为重要建筑和一般建筑，且下列城区建筑应划分为重要建筑：

1 城市应急指挥中心；

2 现行国家标准《建筑抗震设防分类标准》GB 50223 有关规定中属于特殊设防类和重点设防类的教育、科学实验、电子信息中心等类别的建筑工程；

3 其他对城市抗震防灾起重要作用的建筑工程。

6.1.3 在进行城市抗震防灾规划时，应对城市建筑进行抗震性能评价，并应满足下列要求：

1　对按照《建筑抗震设计规范》GB 50011—2010 进行修建的重要建筑，可根据建筑现状进行评判；

2　对未按照《建筑抗震设计规范》GB 50011—2010 进行修建的重要建筑的抗震性能评价，应进行单体抗震性能评价；

3　对城市群体建筑，可根据抗震评价要求，结合工作区建筑调查统计资料进行分类，并考虑结构形式、建设年代、设防情况、建筑现状等采用分类建筑抽样调查或群体抗震性能评价的方法进行抗震性能评价。

6.2　评价要求

6.2.1　采取群体建筑分类抽样调查进行抗震性能评价时，可通过划分预测单元，采用单元分类统计估算辅以单元抽样估算方法进行。预测单元可采用社区或其他行政分区进行，也可根据不同工作区的重要性及其建筑分布特点按下列规定进行划分：

1　一类工作区的建城区预测单元面积不大于 2.25 km^2；

2　二类工作区的建城区预测单元面积不大于 4 km^2。

6.2.2　群体建筑分类抽样调查的抽样率应满足评价建筑抗震性能分布差异的要求，并应符合下列规定：

1　一类工作区不小于 5%；

2　二类工作区不小于 3%；

3　三类工作区不小于 1%。

6.2.3　城区建筑抗震性能评价和规划应对本标准第 6.1.2 条 1、2 款所列的重要建筑按照本标准第 6.1.3 条的要求进行抗震性能评价，并应对位于有条件适宜和不适宜用地上的建筑和抗震能力差的建筑类型进行群体抗震性能评价。

6.3 规划要求

6.3.1 城区建筑抗震性能评价和规划应符合下列要求：

1 城区建筑抗震性能评价和规划应评估城市中不满足要求的重要建筑物数量，并提出需要加强抗震性能的重要建筑；

2 城区建筑抗震性能评价和规划应划定高密度、高危险性的城区。

6.3.2 城区建筑抗震性能评价和规划尚应符合下列要求：

1 城市抗震防灾规划应对城市重要建筑工程和超限建筑，人员密集的教育、文化、体育等公共建筑的规划布局、间距、外部通道、建设与改造制定相应的抗震措施和减灾对策；

2 城市抗震防灾规划应结合避震疏散和次生灾害防御等相关问题，针对高密度、高危险性的城区，提出城市改造规划的抗震防灾措施和减灾对策，并应对城区建筑加固改造作出规划安排；

3 新建工程应根据不同类型建筑的抗震安全要求，结合城市地震地质和场地环境、用地评价情况、经济和社会的发展因素，提出规划布局的抗震控制要求和减灾对策及工程建设抗震防灾措施。

6.3.3 结合避震疏散规划，对不满足相应要求的避震场所周边及疏散道路两侧的建筑提出改造策略和要求。

7 地震次生灾害防御

7.1 一般规定

7.1.1 地震次生灾害防御的抗震防灾规划应开展下列工作内容：

1 调查并确定可能发生的地震次生火灾、爆炸、水灾等地震次生灾害类型和分布情况；

2 结合城市消防规划和措施，综合估计地震次生灾害的潜在影响并制定防御对策和措施。

7.1.2 在进行抗震防灾规划时，应按照次生灾害危险源的种类和分布，根据地震次生灾害的潜在影响，分类分级提出需要保障抗震安全的重要区域和次生灾害源点。

7.1.3 城市中一级重大危险源的应急保障基础设施的抗震应急功能保障级别应为Ⅰ级，二级重大危险源不应低于Ⅱ级。

7.2 评价要求

7.2.1 对地震次生火灾应确定易燃易爆灾害源点的分布情况，并评价其可能产生的危险影响，划定高危险区。在进行抗震防灾专题研究时，对甲、乙类模式城市可进行地震次生火灾蔓延定量分析，给出影响范围。

7.2.2 对次生水灾评估时应对城市周围主要水利和水电设施在地震作用下的灾害影响以及城市供水水源可能遭到的污染影响进行评

估，提出需要加强抗震安全的措施。

7.2.3 根据毒气扩散、放射性污染等主要次生灾害危险源、危险点的分布情况，对其影响范围进行评估，提出需要加强抗震安全的重要源点、防灾措施和要求。

7.2.4 根据城市地质灾害防治有关专业规划、建设用地地质灾害危险性评估结果，结合城市用地安全评价和适宜性规划，应对城市地表断错，泥石流、滑坡、山体崩塌、堰塞湖、地裂、地陷等地震地质灾害提出防治对策。

7.3 规划要求

7.3.1 城市抗震防灾规划应根据各类次生灾害特点，制定次生灾害源的规划布局的抗震控制要求、需要采取的防护措施与治理对策。

7.3.2 城市抗震防灾规划应对可能产生严重影响的次生灾害源点，提出搬迁改造的规划要求和防治对策。

7.3.3 针对地震次生灾害防御的薄弱环节和主要问题，对紧急处置方案提出要求。

8 避震疏散

8.1 一般规定

8.1.1 编制避震疏散的抗震防灾规划时，应包括下列内容：

1 根据城市人口分布、城市可能的地震灾害，结合城区建筑的抗震性能评价结果，在考虑市民的昼夜活动规律和人口构成的影响因素下预测需要避震疏散的人口数量及其在市区的分布情况；

2 根据城市基础设施的分布、现状及其承载能力和需要避震疏散的人口数量及其在市区的分布情况，合理安排避震疏散场所及避震疏散道路，提出规划要求和安全措施，并制定避震疏散管理对策；

3 根据地震地质、工程地质、水文地质、地形地貌等环境因素，应对拟作为避震疏散场所和避震疏散主通道功能的设施进行抗震安全评估，对避难建筑应按照本规范第 6 章相关要求进行抗震性能评价。

8.1.2 编制避震疏散的抗震防灾规划时，应按照紧急避难场所和固定避难场所分别进行规划。甲类模式城市应至少设置一个中心避难场所，乙类模式城市宜设置中心避难场所，对于被自然条件分隔成几个组团的城市，宜考虑设置分中心避难疏散场所。

8.1.3 城市避难场所规模和布局应符合下列要求：

1 城市固定避难场所规模不应小于罕遇地震影响下的疏散要求；

2 城市中心避难场所和固定避难场所应规划安排应急交通、

供水、排污等应急保障基础设施。

8.1.4 城市避难场所的设置应符合下列要求：

1 城市固定避难场所设置宜遵循以居住地为主就近疏散的原则，紧急避难场所设置宜遵循就地疏散的原则；

2 城市应充分利用符合条件的城市公园、绿地、广场、学校操场、体育场等空旷场地和设施作为避难场所，并宜利用现有公园和大型绿地，统筹建设或改造成防灾公园；

3 不宜选择低于乙类设防的建筑作为避难建筑。

8.1.5 制定避震疏散规划应和城市其他防灾要求相结合。

8.2 评价要求

8.2.1 对城市避震疏散场所和避震疏散主通道，应针对用地地震破坏和不利地形、地震次生灾害、其他重大灾害等可能对其抗震安全产生严重影响的因素进行评价，确定避震场所和避震疏散主通道的建设、维护和管理要求与防灾要求。

8.2.2 城市避难场所布局应与城市避难人口规模及其分布情况相适应，满足不同地震影响水准和不同应急阶段避难需求。避难人口规模应根据建筑工程可能破坏和潜在次生灾害影响确定，并应符合下列规定：

1 短期疏散人口规模应按单个场所责任区进行核算，不应低于相当于本地区抗震设防烈度的罕遇地震影响下的疏散要求，且不应低于常住人口的15%；

2 中长期固定避难场所的规模不应低于本地区抗震设防烈度地震影响下的疏散要求，其疏散人口规模不应低于常住人口的5%；

3 行动困难、需要卧床的伤病人员比例不宜低于评价分区单元总人口的 2%；

4 紧急疏散人口规模应包括城市常住人口和流动人口，其核算单元不宜大于 2 km^2，人流集中的公共场所周边地区的紧急疏散人口中流动人口规模不宜小于年度日最大流量的 80%。

8.2.3 避难场所临时和短期避难时的人均有效避难面积，应符合下列规定：

1 紧急避难场所不应小于 1.0 m^2/人，仅用于紧急转移疏散时，高层建筑避难层（间）的人均有效避难面积不应小于 0.2 m^2/人；

2 固定避难场所不应小于 2.0 m^2/人。

8.2.4 避难场所中长期避难时人均有效避难面积，应符合下列规定：

1 中长期避难时，人均有效避难面积应适当增加，对于中期避难不宜低于 3.0 m^2/人，对于长期避难不宜低于 4.5 m^2/人；

2 需医疗救治人员的有效使用面积，临时避难期不应低于 15 m^2/床，固定避难期不应低于 25 m^2/床，考虑简单应急治疗时，临时避难期不宜低于 7.5 m^2/床，固定避难期不宜低于 15 m^2/床。

8.2.5 避震疏散场所的场地规模、疏散交通距离和服务半径宜满足表 8.2.5-1、表 8.2.5-2 的要求。

表 8.2.5–1 固定避震疏散场所的分级控制要求

指标要求 \ 城市地形	平原型城市	丘陵型城市	山地型城市
场地规模	≥1 hm^2	≥0.8 hm^2	≥0.5 hm^2
疏散交通距离	5 km	10 km	20 km
服务半径	2 ~ 3 km	3 ~ 5 km	5 ~ 10 km

表 8.2.5-2　紧急避震疏散场所的分级控制要求

指标要求＼城市地形	平原型城市	丘陵型城市	山地型城市
场地规模	≥0.1 hm^2	≥0.08 hm^2	≥0.05 hm^2
疏散交通距离	1 km	2 km	5 km
服务半径	0.5 km	1 km	2 km

8.2.6　避震疏散通道应符合下列规定：

1　紧急避震疏散场所内外的避震疏散通道有效宽度不宜低于 4 m；

2　固定避震疏散场所应有与外界不同方向的 2 个疏散通道且主通道有效宽度不宜低于 7 m；

3　与城市出入口、中心避震疏散场所、市政府抗震救灾指挥中心相连的救灾主干道不宜低于 15 m；

4　避震疏散主通道两侧的建筑应能保障疏散通道的安全畅通；

5　计算避震疏散通道的有效宽度时，道路两侧的建筑倒塌后瓦砾废墟影响可通过仿真分析确定；简化计算时，对于救灾主干道两侧建筑倒塌后的废墟的宽度可按建筑高度的 2/3 计算，其他情况可按 1/2 ~ 2/3 计算。

8.3　规划要求

8.3.1　避震疏散场所不应规划在危险地段上。

8.3.2　对避难场所，应逐个核定，宜划定责任区，明确服务范围和服务人口、配套设施规模，应列表给出名称、面积、容纳的人数、所在位置等。对于城区疏散资源不能满足要求及灾害影响严重难以实施就近避难的疏散困难地区，应制定专门疏散避难方案和实施保障措施。

8.3.3 城市规划新增建设城区或对老城区进行较大面积改造时，应对避难场所用地及应急通道提出规划要求，并应规划建设一定数量的避难建筑和防灾公园。

8.3.4 城市的出入口宜在不同方向设置，应保障与城市出入口相连接的城市应急通道灾后畅通，并应根据两侧建筑物的破坏情况采取应急功能保障措施。城市出入口的设置：中小城市不宜少于 4 个，大城市、特大城市和核心城市不宜少于 8 个。对出入口数量不满足上述要求的城市，可通过规划空中救援通道进行补充，且应规划的空中通道不少于 2 条。

8.3.5 学校、医院等重要公共建筑宜按避难建筑进行建设，相应场地出入口、安全通道应满足避难要求。

8.3.6 城市应规划建立应急避难标识体系，指明避难场所的位置和方向，便于民众通过标识实现安全、快速疏散，并应符合下列要求：

1 应急避难标识应在城市道路交叉口、避震疏散路线、避难场所主要出入口及大型公共场所设置；

2 灾害潜在危险区或可能影响受灾人员安全的地段应设置相应的警告性标识；

3 城市规划宜综合考虑城市功能布局，设置抗震防灾宣传教育展示设施，指导民众应对灾害和避难；

4 避难场所建设时，应规划和设置引导性的避难标识，并绘制责任区的分布图和内部区划图。

8.3.7 各类避难场所的设置应满足其责任区范围内需疏散人员的避难要求的同时，还应满足城市的应急供水、供电、物资储备和医疗卫生等功能配置要求。

8.3.8 避难场所应满足城市相关防洪标准。

8.3.9 避难场所设置应符合下列规定：

1 避震疏散场所距次生灾害危险源的距离应满足国家现行重大危险源和防火的有关标准规范要求，四周有次生火灾或爆炸危险源时，应设防火隔离带或防火树林带；

2 避震疏散场所与周围易燃建筑等一般地震次生火灾源之间应设置不小于 30 m 的防火安全带，距易燃易爆工厂仓库、供气厂、储气站等重大次生火灾或爆炸危险源距离应不小于 1 000 m；

3 避震疏散场所内应划分避难区块，区块之间应设防火安全带。避震疏散场所应设防火设施、防火器材、消防通道、安全通道。

8.3.10 规划避震疏散场所时，宜设置应急直升机停机坪、应急物资空投场地。

9 紧急处置能力建设

9.0.1 城市抗震防灾规划应以应急自救的原则，对应急救援、应急供水、应急医疗、应急物资保障等的应急保障能力建设提出抗震防灾要求和措施。本标准第 3.0.4 条第 3 款规定的城市应以更高的应急自救能力要求为目标进行规划，并安排近期建设。

9.0.2 城市的紧急处置能力应满足下列要求：

1 抗震救灾指挥部在地震发生后能及时启动相关应急预案；

2 各应急部门在地震发生后能及时快速恢复应急通信；

3 应急医疗单位在地震发生后能快速投入使用；

4 应急医药食品在地震发生后短期内能快速到位。

9.0.3 城市的应急供水除了应满足本标准第 5 章的相关规定外，其应急供水在地震发生后 72 h 内需首先保障的供水对象及其最小总供水量还应满足表 9.0.3 中的要求，对于不满足要求的，应安排于近期建设。

表 9.0.3 地震发生后 72 h 内需首先保障的供水对象及其最小总供水量

内容 供水对象	供水量/L·人$^{-1}$	水的用途
老弱妇幼	30	饮用、基本清洗
轻伤人员	75	正常医疗和饮用
重伤人员	150	正常医疗抢救、饮用和卫生清洗

9.0.4 城市的应急医疗除应满足本标准第 5 章的相关规定外，在地震发生后 72 h 内的救护能力还应满足下列要求：

1 甲、乙类编制模式的城市可投入使用的病床数量不宜少于每 10 万常住人口 200 张；

2 丙类编制模式的城市可投入使用的病床数量不宜少于每 10 万常住人口 100 张。

9.0.5 城市的应急物资保障应满足下列要求：

1 大型救灾机械设备的储备量应按照每个固定避难场所不少于 1 套的要求进行，且储备的油料至少可供相关救灾机械设备连续工作 72 h；

2 应急食品的储备量应按照每个固定避难场所能保证其负责的区域内所有人员至少 7 d 的基本生活需求进行；

3 必要的消毒杀菌药品及防止传染病的消毒液的储备量应按照每个固定避难场所能保证其负责的区域内至少可进行 3 d × 3 次/d 的全面消毒和杀菌进行。

9.0.6 应急物资储备及分发系统的规划建设，应按下列规定进行规划布局、建设和改造：

1 县级及以上救灾物资储备库，应满足本地区抗震应急期间需救助人口的应急需求；

2 应急物资储备分发用地规模，应保障抗震应急期间的应急需求。

附录A　抗震防灾规划编制的基础资料

A.0.1　编制城市抗震防灾规划时所需收集和利用的基础资料主要包括下列内容：

1　城市现状及规划的基本资料；

2　城市的地震地质环境和场地环境，以及自然条件等方面的基础资料；

3　建筑工程的基础资料；

4　地震次生灾害防御及避震疏散规划的基础资料。

A.0.2　城市现状及规划的基本资料主要包括下列内容：

1　最新测绘的城市地形图、城市现状图；

2　城市总体规划文本、说明、基础资料及图件；

3　城市近期建设规划文本、说明、基础资料及图件；

4　城市保护规划文本、说明、基础资料及图件；

5　控制性规划文本和附件、规划地区现状图、控制性详细规划图纸等；

6　城市抗震救灾和工程抢险力量的分布；

7　生命线系统的现状与抗震能力。

A.0.3　城市的地震地质环境和场地环境方面的基础资料包括下列内容：

1　城市及邻近地区历史地震记录及震害资料；

2　本地区古地震研究和地震考古的成果和资料，以及本地区的地震地质、地震活动性研究成果，有关地震预报及震情背景的资料；

3 有关地震活动趋势的最新资料；

4 城市及邻近区域地震地质构造和震中分布图以及相应的文字资料；

5 断层分布，特别是活动断层的分布、走向、规模、力学特性和活动标志，以及有关评价资料；

6 工作区内工程地质勘探资料和典型地质剖面资料及图件；

7 可液化土和软黏土分布与厚度；

8 可能出现震陷、滑坡、崩塌、泥石流、地裂、堰塞湖的地区分布；

9 工作区内已经进行的地震安全性评价和抗震性能评价报告和资料。

A. 0. 4 建筑工程的基础资料包括下列内容：

1 各类已建建（构）筑物的详查、抽样调查和普查资料；

2 各类待建建筑工程的资料；

3 各时期城市抗震设防情况的调查与分析；

4 工作区常住人口、流动人口、人均居住面积；城市各区人口分布等。

A. 0. 5 城市基础设施各系统的基础资料包括下列内容：

1 交通系统。交通系统按行业主要包括铁路、公路、港口、机场等。交通系统是一个以路、街作为网段，以桥梁、隧道和车站、港口、机场等服务枢纽为节点，覆盖整个研究区域范围的复杂网络系统。

2 供电系统。供电系统概况，城市供电系统规划文本和图件以及所依据的基础资料，城市供电系统现状分布图、功能系统图等图件，设计施工维修资料等。供电指挥调度中心、分中心，发电厂、供电枢纽工程、变电站的建筑设施资料、使用状况和主要电力参数、现场调查参数等。

3 供水系统。供水系统概况，城市供水系统规划文本和图件以及所依据的基础资料，城市供水系统现状分布图、功能系统图等图件，设计施工维修资料等。供水指挥调度中心，采水、水厂、提升水泵、水塔等工程设施设计施工维修资料、使用状况和主要供水参数、现场调查参数等。城市供水系统网络各管段属性数据。

4 通信系统。城市通信系统概况，系统规划文本和图件以及所依据的基础资料，系统现状分布图、功能系统图等图件，设计施工维修资料等。通信枢纽等建筑物、构筑物的设计、施工、维修资料；主要设施及设备的位置、安装、构造、使用、功能、维护、造价、维修费用等资料，一般设备调查信息。

5 公共卫生系统。公共卫生系统概况，系统发展规划和图件，系统现状分布图。医疗卫生机构的服务范围、服务能力、人力资源、医疗等级、紧急救护能力等。所属医疗卫生机构主要建筑设计、施工、维修情况。所属医疗卫生机构医疗设备设施基本情况。

6 消防系统。消防系统概况，应急预案，消防指挥系统，消防系统现状分布图，消防系统规划及图件。各消防支队建筑、设备设施、人员、责任范围、技术装备等情况，消防设施分布图，主要防火单位消防器材、设施设备情况。

7 物资供应和保障系统。物资供应和保障概况，相关部门应急预案，救灾物资情况。物资、粮食等部门主要建筑工程设施施工维修资料。

A. 0. 6 地震次生灾害防御及避震疏散规划的基础资料包括下列内容：

1 次生火灾。易产生次生火灾的老旧民房、木结构房屋等集中区的范围、建筑特点；存放大量易燃物的液化气（天然气）供配站、煤气站或天然气储存与供应设施、液化石油气站的分布；生活用供气的泄漏；储量规模大、分布集中的油库，遍布主要交通要道的商用加油站名称、易燃品储量、位置；高层建筑（取决于其防火灾设施完备程度）；人员集中、商品和物品易燃物较多的商场、娱乐场所；生产与储存易燃易爆危险品的工矿企业、易燃易爆危险品仓库和销售网点的名称、隶属关系、种类、数量；次生火灾灾害源点分布。

2 次生水灾。对大中型水库，调查名称、建筑年代、储水量、水库大坝的坝高、设防烈度以及发生次生灾害的主要隐患；对江河堤防，调查建筑年代、设防水准、河流的洪水期及发生次生水灾的主要隐患。

3 对毒气泄漏与扩散、爆炸、环境或放射性污染等，调查这些灾害源点的分布，危险品的种类、储量、环境污染源类型、放射性源的活性，调查主要隐患。

4 针对特定的城市基础设施系统，如供气供油系统、供水系统、消防系统等，调查其次生灾害危险因素、应急策略和对策措施。

5 对其他次生灾害，可根据具体情况和要求进行相应的调查。

6 城市交通规划和交通现状。

7 城市绿地和广场现状和规划。

本标准用词说明

1 为了便于执行本技术导则时区别对待，对要求严格程度不同的用词说明如下。

1）表示很严格，非这样做不可的：

正面词采用“必须”，反面词采用“严禁”。

2）表示严格，在正常情况下均应这样做的：

正面词采用“应”，反面词采用“不应”或“不得”。

3）表示允许稍有选择，在条件许可时首先这样做的：

正面词采用“宜”，反面词采用“不宜”。

4）表示有选择，在一定条件下可以这样做的，采用“可”。

2 条文中指明应按其他有关标准执行的写法为：“应符合……的规定”或“应按……执行”。

引用标准名录

1 《中国地震动参数区划图》GB 18306

2 《建筑抗震设计规范》GB 50011

3 《岩土工程勘察规范》GB 50021

4 《建筑工程抗震设防分类标准》GB 50223

5 《城市抗震防灾规划》GB 50413

四川省工程建设地方标准

四川省城市抗震防灾规划标准

Standard for Urban Planning on Earthquake Resistance and Hazardous Prevention of Sichuan Province

DBJ51/066 – 2016

条 文 说 明

编制说明

《四川省城市抗震防灾规划标准》（DBJ51/066—2016）经四川省住房和城乡建设厅2017年2月10日以第80号公告批准、发布。

本标准主编单位为四川省建筑科学研究院，参编单位为成都市建工科学研究设计院、四川省地震局工程地震研究院、四川省城乡规划设计研究院、中铁西南科学研究院有限公司、西南交通大学、四川大学。主要起草人：凌程建、吴体、高忠伟、高永昭、周荣军、刘芸、黎明、高红兵、潘毅、张家国、肖承波、陈曦、王磊、颜茂兰、韩震、卢立恒、余明久。

本标准在编制过程中，编制组依据了国家和四川省有关城市抗震防灾规划的法规文件，总结并吸取了汶川地震和芦山地震震害及其次生灾害的经验，充分考虑了我省社会环境抗震防灾承载能力、资源环境抗震防灾承载能力，并针对我省的地震地质背景、地形地貌特征及社会经济发展状况，针对我省城市抗震防灾规划编制和实施的情况，在广泛征求意见的基础上制定本标准。

本标准依照《中华人民共和国防震减灾法》《城市抗震防灾规划标准》（GB 50413—2007）、《城市抗震防灾规划管理规定》（建设部令第117号）、《四川省防震减灾条例》《四川省建设工程抗御地震灾害管理办法》（四川省人民政府令第266号）的相关规定，适用于四川省城市抗震防灾规划的编制。

为便于广大设计、施工、科研、学校等单位有关人员在使用本标准时能正确理解和执行条文规定，本标准编制组按章、节、条顺序编制了条文说明，供使用者参考。在使用过程中如发现本条文说明中有不妥之处，请将意见函寄四川省建筑科学研究院结构抗震研究所。

目　次

1　总　则 ………………………………………………………… 55
3　基本规定 ………………………………………………………… 58
4　城市用地 ………………………………………………………… 67
　4.1　一般规定 …………………………………………………… 67
　4.2　评价要求 …………………………………………………… 68
　4.3　规划要求 …………………………………………………… 70
5　基础设施 ………………………………………………………… 73
　5.1　一般规定 …………………………………………………… 73
　5.2　评价要求 …………………………………………………… 76
　5.3　规划要求 …………………………………………………… 80
6　城区建筑 ………………………………………………………… 85
　6.1　一般规定 …………………………………………………… 85
　6.2　评价要求 …………………………………………………… 86
　6.3　规划要求 …………………………………………………… 86
7　地震次生灾害防御 …………………………………………… 88
　7.1　一般规定 …………………………………………………… 88
　7.2　评价要求 …………………………………………………… 88
　7.3　规划要求 …………………………………………………… 90
8　避震疏散 ………………………………………………………… 92

8.1 一般规定 …… 92
8.2 评价要求 …… 94
8.3 规划要求 …… 96
9 紧急处置能力建设 …… 100

1 总 则

1.0.1 本条是本标准编制的目的、依据。本标准的目的在于依据国家和四川省的相关法律、法规和技术标准，结合四川省的实际状况，规范四川省城市抗震防灾规划的编制，以利于有效实施。

1.0.2 本条规定了本标准的适用范围，适用于四川省城市整体或局部区域的抗震防灾规划。

1.0.3 本条阐明了抗震防灾规划应坚持的方针原则。城市抗震防灾规划应结合城市的规模、地理环境、主要的次生灾害种类等实际情况，因地制宜、突出重点，符合实际需要。

城市总体规划是综合性的城市规划，是确定一个城市的性质、规模、发展方向，以及合理利用城市土地，协调城市空间布局等所作的一定期限内的综合部署和具体安排。城市抗震防灾规划是城市总体规划中一项重要专业规划，因此，城市抗震防灾规划应服从城市总体规划确定的城市性质、规模和范围，其空间布局、用地安全和建筑工程抗震防灾需要与其他专业规划协调，需要与地震监测预报、震灾预防和应急救援体系协调，反之，城市发展的总体规划应以基本的抗震防灾安全为前提，满足抗震防灾的基本要求。

1.0.4 根据《中华人民共和国防震减灾法》第三十四条规定，国务院地震工作主管部门负责制定全国地震区划图或者地震动参数区划图。因此，作为城市抗震防灾的设防烈度，应依据国务院地震工作主管部门审批、颁发的文件（图件）确定。

1.0.5 随着城市发展和实施情况的变化，城市总体规划也将根据发展需要和实施评估的情况进行修订，作为城市总体规划中专项规划的城市抗震防灾规划，势必也将适应和匹配新的城市总体规划，根据城市总体规划修订的需求对城市抗震防灾规划进行修订。因此，原则上城市抗震防灾规划的适用期应与城市总体规划的适用期相一致，在对近期建设规划实施情况进行评估时，应同期对城市抗震防灾规划的实施情况进行评估。但考虑到有些城市总体规划与抗震防灾规划难以同时编制或修订时，本条要求城市抗震防灾规划的适用末期限应与城市总体规划的适用末期限一致。

1.0.6 《四川省建设工程抗御地震灾害管理办法》（四川省人民政府令第266号）第6条规定，抗震设防区的大型工矿、电力企业和易产生次生灾害的生产、贮存企业应当编制抗震防灾规划。大城市、特大城市、超大城市中可能涵盖有不同的抗震设防标准的区域或高风险区域，或有地震次生灾害高风险的工矿企业，以及规模较大且工作和生活区域较集中的大型企业，按照政府相关规定，这些区域和特定行业或系统均应制定适合自身的抗震防灾规划。但由于这些区域和特定行业或系统的生活和生产与城市紧密相关，公共的基础设施、应急抢险救灾的基础设施不可能完全分离。因此，这些区域和特定行业或系统的抗震防灾规划，除应满足自身、行业或系统的特殊规定外，同时应符合或兼顾城市抗震防灾规划的要求；城市抗震防灾规划也应充分考虑这些区域和特定行业或系统对城市抗震防灾的影响。

1.0.7 本条规定了城市抗震防灾规划的编制，除执行本标准外，还应同时执行国家现行其他有关标准的规定。

3 基本规定

3.0.1 本条规定了城市抗震防灾规划应包括的内容及要求，无论是哪种模式，均应满足这些内容的要求，但根据不同的模式，其内容的深度有所不同。城市发展概况应说明城市的规模、性质、经济和产业特点。对城市地理环境、地震背景特点和抗震防灾总体现状的分析评估，有助于抗震防灾规划的编制更具针对性和适宜性。对城市现有抗震能力的综合评估，应建立在各系统的工程及设施现状的调查分析、震害预测和评估的基础上，需要事前专项安排，获取大量的基础资料和较细的分析研究，作出科学合理的评估。经过汶川地震、玉树地震、芦山地震等地震灾害的经验教训，本条特别增加了应急保障设施的内容要求。在城市抗震防灾规划修订前，应对前期的抗震防灾规划的实施状况进行评估，及时总结震害经验和教训，对照城市发展及抗震防灾新的需求分析存在的隐患或不足，以利在规划修订中有针对性地进行完善。

规划的实施和保障，除所需的人力、物力条件，以及组织体系的保障外，重要的还在于宣传和培训，普及抗震防灾的知识，培训抗震救灾的应急技能和专业队伍。

3.0.2 本条为强制性条文。本条从城市抗震防灾最核心的6个方面规定，在编制抗震防灾规划时必须明确其相关内容和要求，以利纳入城市规划和建设起强制性作用的相关规定。本条规定属于现行法律法规中要求城市规划需要纳入和落实的抗震防灾内容和要求，是详细规划的设计依据和需要深化设计的内容。

中华人民共和国住房和城乡建设部《城市抗震防灾规划管理规定》第十条规定，城市抗震防灾规划中的抗震设防标准、建设用地评价与要求、抗震防灾措施应当列为城市总体规划的强制性内容，作为编制城市详细规划的依据。城市建设用地的抗震安全性评估是城市抗震防灾的前提，因此，抗震防灾规划中应明确不适宜城市抗震防灾的用地限制建设范围及相应的限制使用要求。并对应急保障基础设施、避难场所的用地应当保证预留、严格控制，不得随意更改用途；确需更改用途时，必须保证满足相应保障对象和服务范围内人员的抗震防灾需求。

《四川省建设工程抗御地震灾害管理办法》第八条第 1 款规定，编制城市抗震防灾规划应根据规模等级确定城市交通出入口的数量；第 4 款规定，设市城市、县（市、区）人民政府所在地的镇应当确定第二水源和应急水源，并确定至少两处道路交通便利的空旷场地或避险绿地，满足直升机空中运输与救援的要求。这是针对我省地理环境较为复杂的情况而采取的应对措施。对于我省位于高山峡谷的城市，以及地震时易因与外界联系的交通要道单一而导致应急救援难以实施的城市或区域的抗震防灾规划，更应注重将抗震防灾的应急空中通道建设的要求作为强制性内容纳入城市建设的总体规划，布局建设满足直升机运输与救援要求的空旷场地或避险绿地。

该办法第八条第 3 款规定，供水、供气、供电、通信、污水处理等重要基础设施的建设，应当满足抗震设防等级和震后迅速恢复运营的要求，并符合防止和控制爆炸、火灾、水害等次生灾害和预防二次污染的要求。本条依据该规定，提出了必须明确应急保障基础设施、避难场所、建筑密集且高易损性城区和救灾避难困难区，以及重大危险源次生灾害高风险区防护要求及需特别提出的抗震防灾措施。

3.0.3 本条提出了对应多遇地震、设防地震和罕遇地震状况下的城市抗震防灾规划三层次基本防御目标。由于大多数城市中尚有相当部分的老旧或未进行抗震设防的建筑，当遭受多遇地震时，老旧或未进行抗震设防的建筑难免会出现破坏，这是针对实情而言，不等同于单体建筑抗震设计“三水准”设防目标。当遭遇相当于本地区抗震设防烈度的地震影响时的基本防御目标，应达到城市要害系统、应急保障基础设施和避难场所不应发生影响救援和疏散功能的破坏，其应急功能正常，其他建设工程应能基本不影响城市整体功能；其他重要工程设施基本正常，一般建设工程可能发生损坏但基本不影响城市整体功能，重要工矿企业能很快恢复生产或运营。当遭受高于本地区抗震设防烈度的罕遇地震影响时，城市需要应急保障的重要工程设施不应遭受严重破坏；要害系统、应急保障基础设施和避难建筑不应发生危及救援和疏散功能的中等破坏，其应急功能基本正常或可快速恢复；可能导致特大灾害损失的潜在危险因素可在灾后得到有效控制，不发生严重的次生灾害；应无重大人员伤亡，受灾人员可有效疏散、避难并满足其应急和基本生活需求。

3.0.4 对于抗震抢险救灾，其关键是提高抢险救灾和疏散避难的应急能力，保护特别重要的重大工程系统，防止出现连锁性或次生性的特大灾害，防止产生特大灾难性灾害或事故。一般而言，城市抗震防灾规划中的应急保障基础设施和重要工程，可按遭遇罕遇地震影响所对应的抗震要求进行规划，保障在大地震来临时城市应急救灾和疏散功能的基本正常。鉴于地震的不确定性和抗震抢险救灾的经验和教训，对城市、城市区域和工程设施可提出比遭遇罕遇地震影响更高的防御要求和抗震防灾对策。

四川山地、河谷、峡谷较多，而地处这些地理环境的城市，其抗震设防规划中须对建设用地的选择、交通要道、应急抢险救灾等应急保障基础设施和避震疏散体系，以及增强城市整体应对地震防、抗、救的能力予以重点关注。处于这些城市或区域的抗震防灾规划，应充分考虑在短期内保证抗震救灾的自救基本能力和实施条件。同时，规划中也应充分关注城市或区域与外界的交通要道的防灾能力，避免在遭遇超越罕遇地震影响时出现“孤岛”，难以实施外援抢险救灾的现象。

城市抗震防灾规划时，当需要评估特别重大地震灾害和重大地震灾害的地震影响烈度或地震动参数时，可综合考虑本地区历史最大地震影响烈度及地震中长期预报的最大地震影响确定。从标准可操作角度看，一般可把相当于罕遇地震影响与重大地震影响相比较，超越罕遇地震影响与特别重大地震影响相比较。

3.0.5 本条提出了城市抗震防灾规划编制模式的划分要求，

城市规模的划分应按照国务院颁布的《关于调整城市规模划分标准的通知》中城市规模的划分标准确定。

3.0.6 本条为强制性条文。《四川省建设工程抗御地震灾害管理办法》第五条规定，抗震设防区的城市总体规划应当包括城市抗震防灾规划。因此，本条作为强制性条文明确规定 6 度及以上抗震设防区的城市，无论抗震设防烈度高低，均必须编制城市抗震防灾规划。同时，本条对城市抗震防灾规划的编制模式的确定，明确提出基本规定，对于第 2 款、第 3 款中有条件且有必要的城市，可选取高一级的编制模式进行编制。对编制模式的确定主要是既考虑城市性质、规模和重要性，也考虑城市的抗震设防烈度，同时随着对地震发生不确定性认识的加深，还考虑了低烈度区城市（尤其低烈度区特大城市）的抗震安全性。按照《国务院关于调整城市规模划分标准的通知》（国发〔2014〕51 号）的城市规模分类：城区常住人口 50 万以下的城市为小城市；城区常住人口 50 万以上 100 万以下的城市为中等城市；城区常住人口 100 万以上 500 万以下的城市为大城市；城区常住人口 500 万以上 1 000 万以下的城市为特大城市；城区常住人口 1 000 万以上的城市为超大城市。

3.0.7 在一些大城市中（尤其是特大城市、超大城市），城市的局部行政区域或大型工矿企业的抗震设防烈度可能有高低不同，根据实际情况也可能需要单独编制行政区域或工矿企业的抗震防灾规划。为了有利于城市抗震防灾的统一规划、协调和建设，也有利于发挥城市抗震应急期的整体抢险救灾的资源和功能作用，本条要求当需要编制城市区域或大型工矿企业的抗震防灾规划时，其编制模式不应低于城市整体抗震防灾规划的编制模式。

3.0.8 在进行城市抗震防灾规划时，应对处于城市规划区内的易产生地震次生灾害的工程及设施、城市基础设施、应急保障基础设施、特殊的国防工程设施予以高度关注，对这些工程设施提出遭遇地震破坏时给城市安全带来的危害性予以论证或评估的要求，对涉及这些工程设施的行业及企业、单位编制专业抗震防灾规划提出总体要求。这些专业的抗震防灾规划由于专业性较强或行业有专门的规定，故应按行业的规定进行编制实施，但不应低于城市抗震防灾的总体目标和要求，即不应低于本标准的相关要求。

3.0.9 城市抗震防灾规划应对城市遭遇不同强度地震下的震害进行预测，地震的危害程度估计、城市抗震防灾现状、易损性分析和防灾能力评价。震害预测是编制城市抗震防灾规划的基础性工作，通过震害预测分析，深入了解城市地震灾害规模及其分布情况，正确地评价城市建筑物、工程设施（包括基础设施）的抗震能力、薄弱环节和完成其预定功能的状况，以及次生灾害危险的影响等，为开展城市抗震防灾规划采取相应的对策和措施提供科学的依据。目前，国内建筑物震害预测的方法不少，大致分为经验法、理论法和半经验半理论方法，具体包括经验总结法、直接统计法、当量统计法、专家评估法、震害潜势分析法（模糊类比法）、结构反应分析法和动态分析方法等。这些建筑物震害预测方法其总体预测方法的原则是遵循历史地震的震害规律，但由于各种预测方法都是根据各自有限震害资料总结和统计出来的，所采用的判据、统计方法、预测的数学模型、理论分析基础等均不同，其预测结果也有所不同，因此，各种预测方法均存在一定适用范围和可靠性的局限。在选择震害预测方法时，应分析当地的地震及震害的历史背景、城市建筑物和工程设施的现状等实际状况，因地制宜和根据其重要性区别确定。

3. 0. 10 本条为便于城市（尤其是特大城市或超大城市）抗震防灾规划的专题研究，提出了将城市规划区划分为不同工作区类别的划分原则和要求，划分的原则主要是根据城市不同区域的灾害及环境影响特点、灾害的规模效应、工程设施的分布特点，以及抗震防灾的侧重点等。本条针对四川发生的汶川地震、芦山地震等地震的震害教训，第 2 款明确了“地处高山峡谷的城市的对外应急救援通道用地不应低于二类工作区”的规定。震害经验表明，若地处高山峡谷的城市的对外应急通道建设规划不当，会给抗震救灾带来极大的困难。四川山地或河谷较多，而地处高山峡谷地理环境的中小城市的抗震设防，其建设用地尤为重要。在选择建设用地时，更应对抗震不利的地形影响进行专题的研究和抗震防灾规划，避免地震时因不利地形的影响而造成重大的地震灾害或次生灾害。

3. 0. 11 本条规定了各类工作区最低要求的研究和编制内容。在进行抗震性能评价时，可不考虑城市的非建设性用地。

3. 0. 12 城市抗震防灾规划成果的表达应当清晰、规范，成果文件、图件与附件中说明、专题研究、分析图纸等表达应有区分。城市规划成果文件应当以书面和电子文件两种方式表达。

为了适应城市的快速发展，以及保证城市管理所要求的科学性和可靠性，辅助相关决策部门更好地管理城市，城市抗震防灾规划应提供 GIS 格式电子文件。

3.0.13 为使城市抗震防灾规划的编制符合实际需求，需要对人口、经济、土地利用和震害要素等方面的海量数据资料进行必要的分析。很多城市的抗震防灾工作至今仍在使用传统管理的图纸和手工方式。对于拥有海量信息的城市，这显然难以保证信息交互和检索、综合分析和运算所需要的效率，难以保证现代城市管理所要求的科学性、可靠性和及时性，不能辅助相关决策部门更好地管理城市。现代信息科学技术能同时处理城市抗震防灾规划中的空间与属性数据。因此，将现代信息科学技术应用于城市抗震防灾规划工作中进行综合分析，可以大量减少人工作业，能有效避免人为失误，促进城市抗震防灾规划的高效管理和有效应用。

3.0.14 我国历史悠久，许多历史文化名城是我国古代政治、经济、文化的中心，或者是近代革命运动和发生重大历史事件的重要城市。在这些历史文化名城中，保存了大量历史文物与革命文物，体现了中华民族的悠久历史、光荣的革命传统与光辉灿烂的文化。城市中的重要古建筑、文物、自然或文化遗产、保护区等是人类文明进步的见证，因此，城市抗震防灾规划应针对城市历史的遗迹、重要的景观设施、文物建筑历史文化遗迹、特色历史街区提出抗震保护的要求和防灾的对策。必要时，宜编制专门的抗震保护规划。

3.0.15 在编制城市抗震防灾规划时，首先需对城市的地震背景、地震地质、建设场地、建筑物和基础设施、危险源、人员疏散和避难设施，以及抢险救灾的应对预案等的现状及抗震设防情况进行调研，分析其抗震防灾存在的隐患和需采取的对策、措施。这是一项必不可少的基础性工作。《城市抗震防灾规划管理规定》第六条规定，编制城市抗震防灾规划应当对城市抗震防灾有关的城市建设、地震地质、工程地质、水文地质、地形地貌、土层分布及地震活动性等情况进行深入调查研究，取得准确的基础资料。有关单位应当依法为编制城市抗震防灾规划提供必需的资料。在城市以往的建设过程中，这些海量的基础资料已零星分散获得。因此，在编制城市抗震防灾规划时，应充分收集已经取得的成果资料，分析甄别其准确可靠性和与城市现状的相符性，尽可能加以利用，以减少不必要的重复工作和人力、财力等资源的消耗。当收集的资料不能满足本标准规定的要求时，应补充进行必要的现场勘察测试、调查及专题研究，以保证城市抗震防灾规划准确可靠的需要。

3.0.16 本条规定了在城市总体规划期限内，应及时修编城市抗震防灾规划的几种特殊情况。城市总体规划具有一定的时限性，当城市总体规划根据需要进行修编时，城市抗震防灾规划作为城市总体规划的专项规划，应根据城市总体规划新的目标要求同期进行修编，与之相适应。实际工作安排时，在城市总体规划修编的框架提出后，其抗震防灾规划的修编应提前安排。

4 城市用地

4.1 一般规定

4.1.1 本条的目的是从抗震要求的角度，通过场地类别分区、地震场地破坏效应的评估、地震地质和场地环境评价，对城市用地进行抗震适宜性综合评价，划出潜在危险地段；在此基础上结合地质灾害危险性评估结果，进行土地利用抗震适宜性评价和分区，并提出城市规划建设用地选择与相应城市建设的抗震防灾要求和对策。

4.1.2 城市抗震防灾规划编制中所需钻孔资料主要以收集现有的工程勘察、工程地质、水文地质等钻孔资料为主。补充勘察是在对所收集基础资料进行选择评定和场地环境初步研究的基础上进行的，目的是为了在保证质量的前提下减少勘察工作量。

当缺乏工程地质研究资料时，绘制地震工程地质剖面是揭示城市场地地震工程地质特征的有效手段。各类工作区地震工程地质剖面数可根据地质环境和场地环境的复杂程度确定。规划编制过程中所做的工作是对较大范围的宏观综合评价，其成果是指导性而不是代替性文件。在大部分情况下，对表层地质复杂的地区，建立 3～4 个纵横地质剖面，对表层地质相对简单的地区，建立不少于 2 个纵横地质剖面，可较好地反映工作区的基本地震地质单元，建立工作区总体地震工程地质概念，满足抗震性能评价要求，必要时可进行专题抗震防灾研究。

4.1.3 本条规定了建设用地评价的钻孔数量的最低要求，一定数量的钻孔及其合理分布是保障建设用地抗震性能评价质量的基本要求，在具体规划编制时，可根据城市的地震环境和场地环境特点，合理确定所需钻孔数量，当收集的钻孔资料不足时，应进行补充勘察。地震地质单元一般可以根据工作区的工程地质评价结果结合本标准的评价要求进行划分和确定。

4.1.4 本条规定了已进行过城市用地抗震性能评价工作的利用原则和要求。对已经进行过抗震设防区划或地震动小区划，按照现行规定完成审批并处于有效期内的城市与工作区，可按本条原则进行利用，以利减少重复的工作量，但应符合本标准规定的评价要求。当不满足评价要求时，应进行必要的补充和完善。

4.2 评价要求

4.2.1 对城市用地进行抗震性能评价是为了确定城市建设用地的抗震防灾类型，针对的是较大的分区单元范围；而国家现行标准《建筑抗震设计规范》GB 50011 有关规定是为了满足确定单体工程抗震设防所需要的场地分类需要，针对的是较小的分区单元范围。一类和二类规划工作区的要求比三、四类规划工作区高，宜根据实测钻孔和工程地质资料按现行《建筑抗震设计规范》GB 50011 的场地类别划分方法结合场地的地震工程地质特征进行划分。

4.2.2 场地的地震安全性对建设工程的抗震性能有决定性的影响，特别是场地液化和软土震陷容易对建设工程造成严重的震害。因此，对一类和二类工作区要求按罕遇地震作用下评价场地破坏效应；对三类工作区考虑到主要是7度及以下抗震设防区的小城市，根据编制模式的深度要求及经济条件等因素，按设防地震作用下评价场地破坏效应即可。鉴于6度区的场地液化和软土震陷对建设工程所造成的震害轻微，以及四类工作区主要是城市的中远期建设用地，在这个时间段，尚未对城市的中远期建设用地进行大规模开发和建设的情况，故对四类工作区不提出相关要求。

4.2.3 我省地貌崎岖、地形复杂，地震诱发的边坡破坏是常见的地震次生灾害，其规模影响范围及造成的灾害均相当严重。其主要体现为危险边坡在地震和震后雨水的作用下，发生滑坡、岩石滚落、泥石流等次生灾害，导致直接破坏建筑物及工程设施、阻断交通道路，造成直接的人员伤亡和财产损失，或阻碍抗震抢险和人员疏散转移。对不稳定边坡的分析应综合考虑边坡的高度、规模、岩土性质、岩体结构、潜在的裂缝和滑移结构面、地表和地下水，以及气候特征等因素，对城市生存和发展的危害性，以及对抗震救灾的影响进行评价。

4.2.4 对城市用地进行抗震适宜性评价和分类，有利于针对不同类别的用地提出与之相适应的适用条件、用地选择原则、指导意见和具体的配套措施。本条中适宜性分类主要依据灾害的影响程度、治理的难易程度和工程建设的要求进行规定，其中的“有条件适宜”主要是指潜在的不适宜用地，但由于某些限制，场地地震破坏因素未能明确确定，若要进行使用，需要查明用地危险程度和消除不适宜因素。

4.3 规划要求

4.3.1 本条规定了城市用地抗震性能和抗震适宜性评价与用地规划的关系和要求。城市用地抗震性能和抗震适宜性评价目的在于城市建设规划的应用，以安全和充分发挥土地资源的价值为目标，为城市建设科学合理用地、抗震防灾对策提供基础依据。因此，城市用地的规划应按照城市抗震防灾的总体要求，提出选择原则、指导意见和具体要求，明确不同用地的适用条件和具体配套防灾措施。

4.3.2 在城市规划早期阶段就划定城市用地的有条件适宜和不适宜地段，不仅是城市规划用地安全合理布局的依据，同时也是为在不同的用地类别上建造建筑或工程设施采取相适应的抗震对策和抗震措施提供依据，因此，城市用地根据城市用地抗震性能和抗震适宜性评价，尽早地进行建设规划是一项很重要的工作。鉴于基础设施管线工程难以避开的复杂情况，在穿越抗震不适宜的用地时，应要求相关专业采取减轻场地破坏作用的有效措施。有条件适宜用地的地震破坏效应具有一定危险性，因此，对于这类用地应分析危险性的危害程度，据此提出禁止、限制或采取更高的抗震防灾措施不同的对策。

4.3.3 一般所说的需要考虑断裂影响，主要是指地震使已有的断裂重新错动直通地表，在地面产生位错，对建在位错带上的建筑物和构筑物，其破坏不易用工程措施加以避免，在相关标准规范中将其规定为危险地段，在工程建设时应予避开。“难以通过工程措施抗御的地表破裂、可能产生难以承受的损失”是断层场地需要避让的主要出发点，城市规划的土地利用对策需要立足于此。对于工程建设需要避让的活动断层，从城市规划建设来看，由于活断层评估及其避让的复杂性，划分地表破裂危险区、避让区和控制区实施不同的规划对策是较为可行的技术路线，是进行规划控制的基础。对于是否考虑发震断裂的影响、避让发震断裂距离的确定以及确需在避让距离范围内建造建筑的限制和抗震措施要求等，现行国家标准《建筑抗震设计规范》GB 50011 第四章中已有明确的规定，在用地规划时应予以明确并严格遵照实施。

发震断裂地震时与地下断裂构造直接相关的地表地裂位错带，是建筑工程遭受断错破坏的主要因素，原则上工程建设应予避开。但震害表明很多发震断裂在地表存在比较宽的破碎带，有的宽度可以达到数公里，在与发震断裂间接相关的受应力场控制产生的分支及次生地裂地表破碎带上的建筑物，虽然震害有所加重，但受地裂的剪切作用相对较小，可以通过采用刚性地基、加强上部结构整体性等抗震措施进行防御。

由于活断层探测的专题分析评价的结论性意见的不确定性较大，城市用地抗震防灾规划应结合分析评价的结论性意见，综合工作区的场地勘察资料分析，因地制宜地制定符合实际情况的土地利用对策。下列活断层探测的专题分析评价的结论性意见可作为城市用地分析评价依据：

1 地震活动年代和活动性，未来地震活动性发展趋势预测；

2 断层造成地表断错可能性及可能发生地表断错的位置和危险区范围；

3 影响断层地震活动性或地表断错的地质、场地等情况；

4 测绘和定位断层位置、可能发生地表断错的位置和危险区范围。

4.3.4 本条规定了有关存在液化侧向扩展或流滑可能的砂土液化场地的土地利用限制。据有关资料表明，在距水线 50 m 范围内，水平位移及竖向位移均很大；在 50 ~ 150 m 范围内，水平地面位移仍较显著；大于 150 m 以后水平位移趋于减小，基本不构成震害。存在可能发生液化侧向扩展或流动时土体滑动的危险场地，应划定流滑及其影响区范围，对工程建设规划提出一定的限制和需要采取相应抗震防灾措施的要求。

4.3.5 土地利用抗震规划评价精度与评价内容、深度直接相关，而土地利用抗震规划评价的内容、深度是由城市的编制模式决定的，对于甲、乙类编制模式及条件允许的城市，土地利用抗震规划评价精度应尽量高，相关规划图件的图纸比例应尽量大。一般规划图件的图纸比例分别有 1:2 000、1:5 000、1:10 000、1:25 000、1:50 000、1:100 000、1:200 000 等要求。城市抗震防灾规划的图件应结合城市性质、规模、重要性等因素，制定满足相应编制深度要求的规划图件评价精度。

5　基础设施

5.1　一般规定

5.1.1　城市基础设施各系统的抗震防灾规划，应在城市基础设施的各相关专业规划的基础上，按照城市抗震防灾的总体要求，结合对城市基础设施抗震性能评价，提出城市基础设施、应急保障基础设施的规划的抗震防灾措施。重点针对规划布局、建设和改造的抗震设防标准和需特别采取的抗震措施。必要时，可对城市基础设施各系统的专业规划中突出的抗震防灾重点进行专题研究。

5.1.2　本条规定了基础设施抗震防灾规划应突出的重点，即一是要区分出哪些是应急保障基础设施，二是根据保障的对象的重要性确定其应急保障的级别，三是依照应急保障基础设施的应急保障级别的要求进行抗震性能评价和规划。通常而言，应急保障基础设施是指城市抗震防灾的“生命线设施”，但不同的应急保障基础设施在抗震应急期各关键节点具有不同的重要性，区分的目的是有利于关注重点进行规划，避免或尽可能减小地震造成的伤害和损失。不同行业的应急保障基础设施虽然有各自专业特点，但共同的目标则是在地震发生后的抗震应急期间，尽可能不中断运转，或中断后能立即启用备用设施或采取其他替代措施，迅速恢复应急基础设施运转，为保障对象的抢险救灾提供基础设施的保障。因此，应急基础设施关注的重点是城市抗震应急期间保障对象的迫切需求，不是所有的基础设施都需要必须在震时及震后投入使用，就目前四川省的经济发展情况而言，还做不到也没有必要将城市基础设施的抗震能力全部提高到能抵抗罕遇地震作用的影响。经过多次破坏性地震验证表明，应急保障基础设施在震时及震后快速有效运转，可以有效减轻地震灾害。

5.1.3 本条规定了应急保障基础设施的应急功能保障级别的划分及其对应的基本目标。鉴于地震对城市破坏所产生的后果影响，以及城市抗震应急期间的抢险救灾工作各时段的重点和保障对象的迫切需求，其应急基础设施的抗震应急功能保障级别也有所不同。Ⅰ级基础设施主要是涉及国家和区域公共安全，影响城市应急指挥、抢险救治、消防等特别重大应急救援活动。其应急功能中断即可能导致应急指挥无序、疏散混乱，以及可能发生特别严重的次生灾害或导致大量人员伤亡等特别重大灾害后果。Ⅱ级基础设施主要涉及影响集中避难和救援人员的基本生存或生命安全，影响大规模受灾或避难人群应急医疗卫生、生活用水用电及物品储备分发等重大应急救援活动。其应急功能中断可能发生严重次生灾害或导致较多人员伤亡等重大灾害后果。Ⅲ级基础设施主要涉及影响救援和人员集中避难活动，其应急功能的中断可能导致较大灾害后果。

应急功能保障级别划分考虑的主要原则：Ⅰ级应急功能保障的要求是即使在遭遇罕遇地震袭击时也不能中断，或启用备用设施或通过紧急抢修等处置可立即恢复使用，确保城市或规划区域的重要应急功能正常运转；Ⅱ级应急功能保障的要求是即使在遭遇罕遇地震袭击时重要应急功能基本保持不中断，可能发生的损坏对重要应急功能影响较小，且通过紧急抢险修复或转换其他措施可在抗震应急期内迅速恢复应急基础设施的运转，基本不影响城市的抗震应急救灾能力；Ⅲ级应急功能保障的要求是即使在遭遇罕遇地震袭击时应急功能因应急基础设施发生破坏可能导致短时的中断，但重要应急功能保持不瘫痪，应急功能或可由其他措施替代或紧急引入设置即可投入使用，通过紧急抢险可在抗震应急期内尽快修复并投入使用。不发生危及保障应急救灾和避难人员生命安全的破坏。

5.1.4 本条规定了用于这些建筑工程的交通、供水应急保障基础设施的抗震应急功能保障级别为Ⅰ级，主要是考虑到这些应急功能保障的对象为涉及国家和区域安全的建筑工程、城市应急指挥中枢系统，供水、交通的核心工程，应急救灾的核心工程等，这些建筑工程的交通、供水一旦不能保障，整个城市的抗震救灾局面将会陷入极度的混乱，可能导致发生特别严重的次生灾害。

5.1.5 本条规定了用于这类建筑工程的应急保障基础设施的抗震应急功能保障级别为Ⅱ级。城市区域应急指挥中心是指超大城市、特大城市和大城市中，以及山地城市中据中心城区距离较远，根据抗震防灾体系的实际需要设立的区域应急指挥中心。本条规定的应急功能保障对象为涉及震后维持基本生活的核心建筑工程、应急救灾的重要工程等，这些建筑工程涉及抗震应急期维持灾民避难场所最低生活、伤员紧急救治、疾病污染等次生灾害紧急防控的应急保障，同时也涉及抢险救灾后续工作的应急保障，这些建筑工程的应急功能一旦不能保障，抗震应急期间人员的基本生活和应急救灾的顺利进行将受到重大影响。

5.1.6 本条规定了用于这类建筑工程的应急保障基础设施的抗震应急功能保障级别为Ⅲ级。之所以规定城市供水系统中服务人口超过 30 000 人的主干管线及配套设施作为保障对象，一是考虑到通过提高市政供水系统的主干管线的抗震能力，强化震后市政供水系统的恢复能力，二是考虑可通过分段设置紧急切断开关，利用主干管线作为应急储水设施。

5.1.7 规定了用于这类建筑所依托的变配电建筑及工程设施的应急保障功能级别确定的原则。鉴于城市供电的电力系统多为区域电网形式，提高市政供电系统的应急功能保障能力非常复杂，因此，城市抗震防灾的应急供电保障主要考虑采用多路供电和配置应急电源保障方式。鉴于应急电源配置所需的经济代价，本条只规定应急救灾必需的应急指挥、医疗卫生、消防、供水、通信等工程，以及需要强制机械通风条件的特殊类型物资储备工程、必须配置强制机械通风设施的避难建筑（如采用地下人防工程进行避难）。

5.1.8 根据国家现行标准《建筑工程抗震设防分类标准》GB 50223 的原则要求，补充规定了城市应急医疗卫生建筑、消防站和救灾物资储备库的抗震要求。

5.2 评价要求

5.2.1 应急保障基础设施在震时及震后的正常运转，能有效减轻地震灾害和保护人民生命财产安全。提高应急保障基础设施的抗震能力，就是有效增强城市的抗震防灾能力。就抗震防灾目标要求总体而言，均应考虑到遭遇罕遇地震袭击时的最不利影响，但根据本标准第 3.0.6 条规定，我省绝大多数城市的抗震防灾规划均应采用甲、乙类编制模式，其他城市也要求不低于丙类编制模式。鉴于城市抗震防灾应急基础设施的重要性，本条规定对应急基础设施的系统的抗震性能和应急保障能力的评价，原则上是要求考虑在罕遇地震状况下进行。对于采用丙类编制模式的城市，有条件时也应考虑罕遇地震的状况下进行评价。对于一些设防烈度不高、城市规模不大、地震地质不复杂、地震次生灾害源不突出的丙类编制模式的小城市，其城市抗震应急基础设施系统的抗震性能和应急功能保障能力的评价，可按设防烈度进行评价；对于地震地质较复杂的山地小城市、地震次生灾害源较为明显且次生灾害导致的影响较大的小城市，应有针对性地选择应急基础设施考虑在罕遇地震状况下进行评价。

5.2.2 本条与 5.2.3 条对不同重要性的建筑物和构筑物规定了不同的要求。基础设施的抗震性能评价方式方法众多，既有针对单体建设工程的抗震设计、抗震鉴定类的评价方法，基于震害经验的半定量评估方法，基于分类或抽样原理的群体评价方法，还有针对基础设施工程系统特性和网络特性的连通性评价、可靠性评价以及针对单系统的供水能力、交通通行能力评价等。本条考虑到基础设施中的建筑物和构筑物量大面广，各地城市规模差异很大，不同地区基础设施系统特点、建设标准也有很大差异的状况，要求采用统一的评价方法与城市规划层面的特点也不相符且不现实，因此，本标准重点明确了需要评价的范围，具体城市抗震防灾规划时，可根据城市具体特点选用适宜的评价方法，为规划提供依据。

5.2.3 本条规定了抗震应急基础设施中需要进行单体建筑抗震性能评价的重要建筑工程范围。其目的是使这些抗震应急基础设施所依附的建筑具有符合要求的抗震性能，以保障这些应急基础设施不因所依附的建筑和关键节点的桥梁、隧道等工程的地震破坏而导致应急基础设施的应急功能受到影响。对基础设施中其他一些重要建筑物和工程，应根据基础设施专业规划中的实际情况和需要，采用适宜的方法进行评价。

5.2.4 城市供水系统对城市地震灾区的生活、生产均具有重要的直接影响。在抗震应急期，应急供水系统对伤员救治、消防和疾病防疫应急保障基础设施的保障功能，其影响更为显著。本条规定在对城市应急供水系统进行抗震性能评价时，要求从取水、主干管线及与应急保障对象供水管线连接等环节进行系统抗震分析评价。由于城市供水的主干管可能埋设于有条件适宜和不适宜的用地，以及供水管线连接中的薄弱环节等，在对城市应急供水系统进行抗震性能评价时，应对影响供水系统的关键节点、薄弱环节，以及供水系统功能失效影响范围和危害程度进行分析，以利为应急供水系统的抗震防灾规划建设、应急配置对策提供依据。

5.2.5 城市交通系统是复杂的命脉网络系统，既涉及众多的功能需求因素，又涉及建筑物、道路、桥梁、隧道、地基和边坡等工程因素，还涉及应急管制措施等因素。汶川特大地震的抗震抢险救灾实践证明，抗震抢险救灾尤其需要靠应急交通畅通提供可靠的保障。因此，本条规定在对城市应急交通系统进行抗震性能评价时，要求对应急交通系统的主干网络中的道路、桥梁、隧道等进行抗震性能，以及与应急功能保障对象连接的应急通道的可靠性进行系统的分析评价，并应着重对影响应急交通的关键节点、薄弱环节，以及应急交通系统失效的影响范围和危害程度进行分析，以利为应急交通系统的抗震防灾规划建设、应急防控措施提供依据。应急交通系统的抗震性能分析评价，除了要考虑道路本身在地震作用下的破坏影响道路的通行能力以外，还应结合城市建设、地理环境、地震地质的特点，综合考虑危及应急交通通行能力的影响因素，如道路穿越有条件适宜和不适宜的用地、道路边坡、距道路较近的建筑物等。

5.2.6 城市供电系统对城市地震灾后的生产、生活均具有重要影响。在抗震应急期，应急供电系统对抗震救灾指挥、医疗卫生、通信等应急保障基础设施的保障功能，其影响更为显著。本条规定在对城市应急供电系统进行抗震性能评价时，要求从发电、输电、变电，以及与应急保障对象供电连接等环节进行系统的抗震性能分析评价。评价应着重对影响应急供电系统的关键节点、薄弱环节，以及应急供电系统功能失效的影响范围和危害程度进行分析，以利为应急供电系统的抗震防灾规划建设、应急配置对策提供依据。

5.2.7 城市供气系统是地震中潜在的火灾或爆炸的次生灾害

重大危险源，因此，城市抗震防灾规划中，应针对产气、储气、输气环节的重要建筑和工程设施进行系统的抗震性能分析评价。评价应着重对影响供气系统的关键节点、薄弱环节，以及可能引起的潜在火灾或爆炸影响范围和危害程度进行分析，以利为供气系统的抗震防灾规划建设、应急处置对策提供依据。

5.2.8 本条对城市抗震救灾起重要作用的基础设施和应急保障基础设施中的重要设备设施，规定了结合专业规划的规定和保障对象抗震应急功能的需求进行分析评价。城市基础设施和应急保障基础设施中，各系统专业均有着大量的设备设施维持正常运转。在城市遭遇地震袭击时，要使城市的基础设施，特别是应急保障基础设施能在预期的防御目标下维持运转，除要求基础设施和应急保障基础设施所依附的建筑及工程具有相应的抗震能力外，这些基础设施中的设备设施也应具备相应抗震能力，或采取相应的防控措施和应急对策。另外，对医院、水厂、供气站、加油站和物资储备库等可能存在的特殊设备设施的情况，特别指出应对具有危害安全的放射性、毒性、爆炸性、易燃性等设备设施和物资储备装置的抗震性能进行分析评价，并对破坏或失效后可能产生的危害范围和危害程度进行分析。

5.3 规划要求

5.3.1 本条规定了基础设施抗震防灾规划的主要内容及要求。基础设施和应急保障基础设施具有城市生产、生活保障性功能和抗震救灾应急保障性功能，因此，基础设施的抗震防灾规划极为重要。城市基础设施的抗震防灾规划既要符合城市发展规划、城市抗震防灾规划的总体要求，还要根据城市现状和发展的特点、地理环境、产业和经济状况，以及地震灾害和抗震的特点等因素，实事求是、因地制宜和分轻重缓急地进行建设和改造规划。在进行基础设施的抗震规划时，应充分结合基础设施系统各专业的技术和功能特点，以及所承担的应急保障功能等，针对抗震性能评价中的结论和发现的问题、隐患、薄弱环节，提出建设与改造的目标、安排和要求，以及防控次生灾害对策和措施。对于应急保障基础设施的抗震防灾规划，除考虑基础设施本身的抗震性能外，还应充分考虑保障对象的应急需求，以及其功能失效后可能产生的灾害影响危害性等因素，可作为建设与改造的重点安排。

5.3.2 本条规定了基础设施抗震防灾规划中必须清楚地确定重要的建筑及工程设施并明确要求，目的在于突出重点，在建设和改造的规划安排上予以优先考虑。对位于或穿越有条件适宜和不适宜用地上的应急保障基础设施，特别是供水、交通和供电应急保障基础设施中的线路、管道和道路等线状基础设施，也必须清楚地确定，并针对具体情况合理规划安排。当线路、管道和道路等线状基础设施难以避让适宜性差的用地时，必须采取有效抗震防灾措施和安排相应的应急措施，以利保证场地发生破坏性位移及灾害效应时，基础设施功能基本能运行。

5.3.3 本条规定了应急功能保障对象的主要范围，以及需配套规划安排的应急保障基础设施。条文中所列的应急功能保障对象，在抗震救灾的应急期间发挥着不可替代的作用，其本身就是应急保障基础设施中的重点，但要实现应急功能保障性能的任务和目标，除这些保障对象的建筑工程具有相应抗震性能外，还需要配套相适应的交通、供水、供电、通信等应急保障基础设施。鉴于保障对象的应急功能需求不同，以及与之配套的应急保障基础设施的抗震性能和采取保障途径、方式的不同，因此，在规划时可根据保障对象的应急功能需求的具体情况，结合应急基础设施系统各自专业的要求，选取冗余设置、增强抗震能力或多种组合的保障方式。

5.3.4 本条规定了抗震应急期城市应急供水基础设施规划的要求，主要考虑应急供水设施的抗震性能、应急供水保障对象的需求，以及应急期间人员基本生活用水的需要等因素。考虑到地震灾后对应急保障对象的应急供水重要性，本条要求采用市政应急供水和设置备用水源两种应急供水体系进行应急功能保障，并规定了市政应急供水核算中应考虑抗震应急期人员基本生活用水和医疗救治人员基本用水的定额，还应考虑地震后管线可能破坏造成的漏水损失估计。紧急或临时阶段的用水定额，国内外通常考虑范围为 3 ~ 5 L/（人•d），3 L/（人•d）属于国内外研究中最低生存用水量。

对于抗震应急期间的消防供水，应根据震后次生火灾等灾害的评估，按照消防供水的规定设置应急消防供水系统，但应尽可能利用应急储水和其他天然水系取水方式，综合考虑市政应急供水保障系统进行规划，以利减轻市政应急供水的压力。

5.3.5 本条规定了不同抗震应急功能级别的应急通道选择形

式；规定了对影响应急通道的主要出入口、交叉口的建筑物，以及通道上的桥梁、隧道、边坡工程等关键节点，应提出相应抗震要求和保障措施；规定应急通道的有效宽度和确保抗震应急车辆通过的通道净空高度。这些措施包括新建建筑物和既有建筑物的改造，从保证应急通道的有效宽度考虑建设规划的红线；或是对影响应急通道的这些工程采取抗震加强措施。本条第 3 款的相关规定中，使用了标准中很严格的用词“严禁”，这是因为应急通道的最小有效宽度是保障应急车辆通行的最小宽度，并未考虑应急通行流量的需求，属于必须强制执行的最低技术要求。保障应急救灾和疏散通道震后畅通还应重视跨越通道上方的各类工程设施的安全问题。根据应急救灾车辆的通行要求，汽车车载高度不应超过 4.0 m，加上车辆自身颠簸和安全高度等因素，穿行建筑物的净空高度不应小于 4.5 m。

5.3.6 本条规定了应急供电保障基础设施中市政供电的冗余保证的技术措施，第 1 款和第 2 款属于确保城市要害系统基本运行必须执行的最低要求。对于具有抗震应急供电功能保障要求的对象，其供电系统的应急保障措施主要从以下方面考虑。

1 平时和灾时、灾后均能满足国家现行标准《供配电系统设计规范》GB 50052 和《民用建筑电气设计规范》JGJ 16 相应负荷的供电保障要求。

2 对于需要灾后保障供电的对象，考虑市网供电系统的抗震可靠性，制定应急电源和备用电源的配置要求。

3 Ⅰ级抗震应急供电保障对象的用电负荷相当于国家现行标准《供配电系统设计规范》GB 50052 有关规定中一级负

荷中的特别重要负荷，Ⅱ级抗震应急供电保障对象的用电负荷相当于一级负荷，Ⅲ级抗震应急供电保障对象的用电负荷相当于二级负荷。

4 考虑到我国目前采用市网双重电源或两回线路时，难以全部满足抗震要求的具体情况，因此，按照本标准设置的抗震应急供电保障系统大体如下。

1）Ⅰ级抗震应急供电保障：市网双重电源+2 组满足一、二级负荷的应急发电机组+1 组可选蓄电池组。

2）Ⅱ级抗震应急供电保障：市网双重电源+1 组满足一、二级负荷的备用电源，或市网两回线路+1 组满足一、二级负荷的应急发电机组。

3）Ⅲ级抗震应急供电保障：市网双重电源，或市网两回线路，或 1 组满足一、二级负荷的备用电源。

5.3.7 本条规定了应急医疗卫生建筑工程的规划布局和设置要求。目前我国城镇中应急医疗卫生保障机构的布局很不均衡，抗灾能力也参差不齐，交通、供水等应急保障基础设施的配置缺少相关规定。在城市抗震防灾规划时，对应急医疗卫生体系的构成可考虑两大方面：具有抗灾能力保障的医疗卫生机构，灾时支撑应急医疗卫生救援的临时医疗卫生区。应急医疗卫生体系的规模配置按照受伤人员规模和考虑卫生防疫要求进行配置，应急医疗治疗的受伤人员保障规模通常不宜低于城镇常住人口的 2%。应急医疗卫生场所布局和规模可统筹考虑满足灾时卫生防疫的要求，对避难场所及人员密集城区可统筹规划安排灾时卫生防疫临时场地。

6 城区建筑

6.1 一般规定

6.1.1 在现有城市建设管理中，对新建工程的抗震设防和建设均有比较完善的监督检查机制。为了与城市总体规划建设相协调，在传统的工程抗震基础上，提出重视建筑密集或高易损性城区建设和改造的抗震防灾问题。许多城市都有较大区域的老旧城区和城乡结合部地区，在这些地区中往往存在建筑和人口密度高、基础设施配套不足或抗震能力低、建筑物抗震性能差等问题，有时还存在较多的危房，这些问题应在抗震防灾规划中作出合理安排。

6.1.2 本条规定了城区建筑的划分要求。将城区建筑划分为重要建筑和一般建筑的目的是科学有效地利用有限的现有资源，将城区建筑的抗震性能做到最优。城市中重要建筑的功能使命是有效保障城市抗震救灾工作快速有序地进行，且其一旦遭受地震影响后会妨碍抗震救灾工作的快速有效开展，以及易造成严重后果等。虽然《建筑抗震设防分类标准》GB 50223 对建筑的抗震设防类别进行了划分，但它是建筑抗震设防等级的最低要求，故在条件允许时，还可以对其酌情提高。

6.1.3 本条规定了重要建筑的抗震性能评价要求。对于按照《建筑抗震设计规范》GB 50011—2010 进行修建的建筑，是较好地执行了“三水准”的抗震设防标准，其抗震性能较好。所以这类建筑不需要再进行深入的抗震性能评价。

6.2 评价要求

6.2.1 采用群体建筑分类抽样调查进行抗震性能评价时，应按照统计调查的基本原理，先分类后调查，抽样的目的是针对分类抗震性能评价和统计估算而进行的，综合考虑各种因素增强评估的准确性。城区建筑的预测单元划分可根据城市具体特点进行，既要考虑覆盖面，同时要求各预测单元中的各种类型的建筑抽样和总量保持均衡。若某种类型的建筑在小范围内不足以统计推断，可局部扩大预测单元。不适宜用地上的建筑和抗震性能薄弱的建筑是评价重点。

6.2.2 在建筑结构类型较单一小区，可采用较低抽样比例；对已有抗震性能评价资料的工作区，可补充新的资料进行估计；对于按照抗震设计规范设计的地区，可根据不同年代抗震设计规范的变化整体评价；对于按照现行抗震设计规范设计的建筑，可只针对存在的抗震问题进行整体评价。

6.2.3 本条规定了重要建筑的抗震性能评价和规划要求。重要建筑是城市抗震救灾能力的主要方面，是重点防御的主要内容。超限建筑的规划和管理要求应符合现行有关规定。

6.3 规划要求

6.3.1 规定了城区建筑抗震防灾规划应确定的内容要求。重要建筑是城市抗震能力的重要支撑，薄弱城区和高危险性城区是城市抗震能力的主要薄弱环节，规划时需要加以确定并作为主要内容。

6.3.2 本条规定了城区建筑抗震防灾规划还需要包括的主要内容。减轻城市地震灾害中非常重要和难度很大的一个环节是改善高密度、高危险城区的抗震防灾能力。这些分区单元一般位于旧城区和城乡接合部，这些城区的特点是人口密度大，房屋老旧或抗震性能差，城区布局不合理，基础设施陈旧落后，防地震次生灾害能力差，地震造成的直接灾害和次生灾害一般较其他城区严重，震后抢险救灾也较为困难。针对城市抗震防灾的薄弱环节、薄弱地区和薄弱工程类型，可根据其灾害后果，按照“一次规划、分期实施、突出重点、先急后缓，实事求是、自下而上”的原则，提出城区抗震建设和改造要求。

6.3.3 四川大部分城市为山地、丘陵型城市，而这些城市内的建筑基本都是依山势而建，建筑之间的道路宽度十分有限，抗震性能低的建筑在地震中容易倒塌或局部损坏，从而阻碍人员的及时疏散和安全转移、外部应急救援力量的及时到达和快速施救。

7 地震次生灾害防御

7.1 一般规定

7.1.1 地震次生灾害是指由于地震造成的地面破坏、城区建筑和基础设施等破坏而导致的其他连锁性灾害。在我省，地震次生灾害主要有次生火灾、爆炸、水灾、毒气泄漏扩散、放射性污染、泥石流、滑坡、山体崩塌、堰塞湖等灾害类型。

7.1.2 由地震引发的次生灾害可能会对城市造成灾难性后果，预防地震次生灾害是减轻城市地震灾害的重要内容，应对地震可能产生的次生灾害进行调查，分类分级确定次生灾害源，并进行危险性分析和风险区划。

7.1.3 考虑到重大危险源保障安全需要交通、供水和供电等系统的保障，明确了重大危险源的抗震应急功能保障要求。重大危险源的分级，可按照国家现行标准《危险化学品重大危险源辨识》GB 18218 以及《危险化学品重大危险源监督管理暂行规定》的有关规定进行。

7.2 评价要求

7.2.1 次生火灾的抗震性能评价，主要是划定高危险区。高危险区的划定一般与结构物的破坏、易燃物的存在与可燃性、人口与建筑密度、引发火灾的偶然性因素等直接相关，通常可在现场调查和分析历史震害资料相结合的基础上划定。对于甲、乙类模式城市，在进行火灾蔓延定量分析专题抗震防灾研究时，多采用理论分析与经验方法相结合的方式，可在城区建筑、基础设施抗震性能评价的基础上，划定在不同地震动强度下，发生次生火灾的高危险区，有条件时可进一步建立火灾发生与蔓延模型，进行数值模拟，确定次生火灾的影响范围，为编制城市发展或改造规划提供参考。

7.2.2 对次生水灾的评价，主要在城市地震次生水灾灾害源调查的基础上，提出需要加强抗震安全的重要水利设施。对大中型水库，应调查水库规模、建筑年代、设防烈度以及发生次生灾害的主要隐患；对江河堤防，应调查建筑年代、设防水准、河流的洪水期及发生次生水灾的主要隐患。对堰塞湖，应制定相关应急预案。

7.2.3 毒气扩散、放射性污染等次生灾害的发生不易被人察觉，一般被发现时，就已经造成较严重的影响。因此，对于可能产生毒气扩散、放射性污染的次生灾害危险源，应采取紧急防护措施，加强监视、控制，防止灾害扩展。

7.2.4 由于我省特有的地理地质环境，在强震作用下，容易引发山体崩塌、滑坡、泥石流等严重的次生山地灾害，其危害程度甚至可能超过了地震本身。地震地质灾害防治应首先普查城市地质灾害隐患点，采取工程性措施和非工程性措施相结合，针对不同类型地质灾害提出防治对策。防治对策应综合考虑各种因素，充分利用其他有关专业资料进行综合防治。

7.3 规划要求

7.3.1 由于地震次生灾害的多样性及其链式效应，城市抗震防灾规划应考虑到各种次生灾害的特点，划分为一般次生灾害源和重大次生灾害源。对于一般次生灾害源，制定单灾种地震防灾对策；对于重大次生灾害源，应进行地震安全性评价，并根据地震安全性评价的结果，确定抗震设防要求，进行抗震设防。

7.3.2 城市规划时，应尽量绕避重大次生灾害源。对于可能产生严重影响的次生灾害源点，需要对其研究分析进行防护改造或迁出的对策，制定分隔和防护措施，确定搬迁或改造的规划要求，并作出相应规划安排。

7.3.3 为降低地震次生灾害的后果严重程度，应制定地震次生灾害应急预案。应急预案除了应包括防震减灾法规定的规范性内容外，还应充分考虑不同类型地震次生灾害的特点，以对次生灾害源的评价和事故预测结果为依据，预先制定次生灾害控制和抢险救灾方案。

抗震救灾的实践表明，有无地震应急预案，其结果大不一样。如唐山 7.8 级地震前没有应急预案和救灾计划，当地政府无力指挥这样巨大灾害的救灾工作，而通信网络的摧毁使灾区与外界失去联系达 6 h 之久，紧急出动的数万名解放军指战员又被桥断墩毁的滦河阻隔住，使灾区失去了最宝贵的抢险时间，大大加剧了灾民的伤亡。相反，1990 年 10 月 20 日甘肃省天祝—景泰发生 6.2 级地震，由于震前有应急预案，并组织过演习，震后 5 min 指挥人员就到达岗位，迅速带领各路人员、物资等开赴灾区。当省慰问团工作组开到震区时，伤员已得到救治，灾民也得到了很好的安置。

8　避震疏散

8.1　一般规定

8.1.1　第 1 款是对需要疏散人口估计的要求。估计需要避震疏散人口数量与城市人口分布直接相关，不同的地震次生灾害需要避震疏散的人口数量和分布情况有较大差异。如次生火灾需要避震疏散的人口分布区域明显比次生水灾（堰塞湖）需要避震疏散的人口分布区域小很多，在估计需要避震疏散的人口数量及其分布时，应该根据城市人口分布、城市可能的地震灾害和震害经验进行考虑，以最大需要避震疏散的人口数量为依据，以最不利的分布情况为基础，制定针对性对策并采取相应措施。在估计需安置避难人员数量时，地震灾害发生的时间、市民的昼夜活动规律及其所处的环境、场所，以及城市人口随时间的变化等是主要影响因素，在分析时根据城市具体情况加以统筹安排。

第 2 款是对避震疏散场所及疏散道路合理安排的要求。在安排避震疏散场所及避震疏散道路时不能脱离实际，编制完善、合理、符合当地实情的避震疏散规划，可以确保避震疏散人员在发生预估等级以上的地震灾害后快速、有效、及时、安全地疏散、转移和安置到安全区域，可以避免由于未充分考虑基础设施的分布、现状及其承载能力和需要避震疏散人口数量及其在市区的分布情况的规划疏散场所分布不均和不合理，能够避免由于人员混乱引起的一系列问题,有利于社会稳定和抗震救灾工作的顺利开展。

第3款要求在避震疏散场所和避震疏散主通道规划设计过程中，应针对四川山地、丘陵城市的地震次生灾害特点，对设计原则和方法也应作相应的调整，如地震次生水灾的应急避难场所和避震疏散主通道应选择地势较高的地方或线路，而不只是考虑道路的宽度。另外，地震应急避难场所更重视空间的开敞性，以防周围建筑物倒塌造成伤害。

8.1.2 紧急避震疏散场所：供避震疏散人员临时或就近避震疏散的场所，也是避震疏散人员集合并转移到固定避震疏散场所的过渡性场所。通常可选择城市内的小公园、小花园、小广场、专业绿地、高层建筑中的避难层（间）等。

固定避震疏散场所：供避震疏散人员较长时间避震和进行集中性救援的场所。通常可选择面积较大、人员容置较多的公园、广场、体育场地/馆，大型人防工程、停车场、空地、绿化隔离带以及抗震能力强的公共设施、避难建筑等。

中心避震疏散场所：规模较大、功能较全、起避难中心作用的固定避震疏散场所。场所内一般设抢险救灾部队营地、医疗抢救中心和重伤员转运中心等。

由于四川盆地多山和河流，这些自然条件把城市自然分隔成几个组团，这些组团与组团之间主要靠跨江（河）大桥连接，考虑到震后重伤病员需要及时的医治和转移，所以应该根据这类城市的实际情况考虑设置适量的分中心疏散场所。

8.1.3 本条规定了城市固定避难场所规模核定的抗震设防标

准，以及避难场所应该具备的应急保障基础设施。

8.1.4 城市中存在大量公园、学校操场、体育场和大型露天停车场等设施，震时和震后，它们能很好地起到避难疏散功能，汶川地震后，绵阳、成都等城市的学校操场、体育场均安置过大量灾民。芦山地震后，芦山县中学的操场、校内空地也安置过大量灾民和救援人员。但在这几次地震中，也暴露出一些问题，如没有明显的相应导向标识，外来救援力量和灾民都很难快速到达避震疏散场所。

防灾公园视其规模与作用可以用作中心避难场所或固定避难场所。防灾公园通常具有避难场所功能的出入口形态、周围形态、公园道路、直升飞机停机坪、必要的防火带、供水与水源设施（抗震储水槽、灾时用水井、蓄水池与河流、散水设备）、临时厕所、通信与能源设施、储备仓库和公园管理机构等。防灾公园平时就是普通公园，合理布局各种防灾设施与普通公园的各种设施，设置防灾设施后不影响公园的平时正常使用。

8.1.5 城市的防灾减灾工作将会由过去的各灾种各自独立为战转变为综合防灾体系。虽然各灾种有着各自的防灾侧重点，但可以通过充分利用现有有限资源，采取综合防御的方法，兼顾各灾种的防灾需求，最大化地提升城市的综合抗震防灾能力。

8.2 评价要求

8.2.1 在制定避震疏散规划时，需要保障避震疏散场所与避震疏散通道的抗震安全，综合考虑本条所指的各种地震灾害影响以及本标准第 8.1.5 条的要求，提出避震疏散场所和避震疏散通道的各类危险因素，必要时可对这些因素可能造成的影响进行估计。

8.2.2 本条进一步规定了避难场所布局和规模的技术要求。避难人口规模需根据建设工程抗震能力的破坏评估结果，结合人口分布特点进行核算。考虑地震灾害的不确定性，规定了最低规模限制。需要疏散和安置的人口规模跟建（构）筑物的抗震能力高低有着直接关系，对于疏散人口规模的估算，可根据疏散分区内抗震能力低的建（构）筑物的面积比例进行确定。对于抗震能力低的建（构）筑物面积比例分别超过 20%、超过 40%、超过 60%的分区单元，短期疏散人口规模的估算应分别不低于常住人口的 25%、35%、45%，需中长期固定避难场所安置的疏散人口规模的估算应分别不低于常住人口的 10%、15%、20%。

8.2.3 本条规定了保障避难场所安全的最低人均指标。城市规划时，应根据城市具体情况综合确定不低于本条规定的适宜指标。有效避难面积是避难场所内用于人员安全避难的应急宿住区及其配套应急保障基础设施和辅助设施的面积，包括避难场地与避难建筑面积之和。进行有效避难面积核算时，设置于避难场所的城市级应急指挥、医疗卫生、物资储备及分发、专业救灾队伍驻扎等应急功能占用的面积不包括在内。有效避难面积核算尚应扣除不适合避难的地域。

8.2.4 考虑到避难场所分类，明确了中长期避难场所和应急医疗场所的面积指标。中长期避难场所的避难人员人均有效避难面积，是考虑到随着避难时间的延长人员的承受能力和避难人员的逐步减少而综合确定的。避难场所内考虑医疗卫生治疗时，可按需救援人员核算其有效避难面积。相关指标是按照我国常见方舱医院的占地面积考虑确定的。

8.2.5 考虑到四川的地理地质环境因素，按照城市地形将避震疏散场所的分级控制要求分为三级。这主要是因为丘陵型、山地型城市的地形限制，比较有利的场地十分有限，50 hm^2的空旷场地更是少之又少。

8.2.6 作为避震疏散通道的城市街道，要建设成为相互贯通的网络状，即使部分街道堵塞，也可以通过迂回线路到达目的地，不影响避震疏散和抢险救援工作的展开。街道狭窄的旧城区改造时，可增辟干道、拓宽路面、裁弯取直、打通丁字路，形成网络道路系统，以满足避震疏散要求。疏散道路两侧的建筑倒塌后其废墟不应覆盖避震疏散通道。避震疏散通道应避开重大次生灾害源点。对重要的疏散通道要考虑防火措施。

8.3 规划要求

8.3.1 震后的一段时期内余震频繁不断，危险地段是地震次生灾害易发区，不应将避震疏散场所规划在这一区域内。另外，“5·12”汶川地震的部分灾后重建项目在后来的自然灾害中的受损情况表明，选址不当也会给重建灾民的生命财产安全造成巨大风险。

8.3.2 本条强调了城区疏散资源不能满足要求及灾害影响严

重难以实施就近避难的疏散困难地区需要制定专门疏散方案的要求。逐个确定避难场所责任区和规模是避难场所设计的依据。城市内的疏散困难地区应作为城市的重点规划和建设问题来对待。避难场所责任区服务范围的确定可以以周围或邻近的居民委员会或单位划界，并考虑河流、铁路等的分隔以及应急救灾和疏散通道的安全状况等。

8.3.3 本条规定了城市新增城区和老区改造时城市规划的避震疏散规划要求。日本1995年1月17日阪神大地震发生后在防灾公园和防灾据点建设等方面取得的震害经验表明，防灾公园在救灾方面有着巨大的积极作用。对于城市规划新增建设城区，应根据其规划人口规模，并兼顾前瞻性，规划建设一定数量的满足人口疏散要求的避难建筑和防灾公园。一般而言，城市的老城区因为各种历史原因，导致其抗震能力非常薄弱，地震中容易造成较大的人员和经济损失，其中人员疏散问题就是一个比较突出的矛盾。应结合城市对老城区进行较大面积的改造之机，从源头上解决老城区避震疏散的老大难问题。

8.3.4 根据城市合理的救援方向，合理设置城市的出入方向和出入口，连接区域性的救援通道，是保证城市抗震防灾能力的重要方面，因此本条规定了城市的出入口设置要求，同时也需要保障与城市出入口相连接的城市主干道的通行能力。

城市出入口的设置需要考虑一次地震破坏下不同时造成所有出入口瘫痪的基本要求来进行规划布局安排，并确定合理的抗震要求，采取抗震防灾措施。山地、丘陵城市的出入口数量十分有限，且一定时期内很难有根本性的改变，这种情况下可用增加空中救援通道的方式进行缓解。

8.3.5 各类学校的城市生命线系统比较健全，有避震疏散必需的供水、供电、通信等基本条件，操场、绿地和空地易于搭建窝棚、简易房屋和帐篷，又有比较好的防火条件，是主要的避震疏散场所。

8.3.6 避难标识是提高应急效率的重要对策，城市需要考虑标识体系的设置要求和规划布局。在各避难场所附近的道路和避难场所内的醒目处，设置各种类型的避难场所标示牌，标明避难场所的名称、具体位置和前往的方向。也可以在标示牌上绘制出避难场所内部的区划图。

在城市避难标识体系规划建设时，明确绘制出各个避难场所的具体位置、服务范围、应急救灾和疏散通道以及与邻近避难场所的交通联系，针对避难场所与城市应急救灾指挥中心、医疗抢救中心、抢险救灾物资库之间以及它们与飞机场、火车站、河道码头、汽车站的主要联系设置引导标识。绘制中心避难场所与固定避难场所内部的区划图，明确指示避难场所、各种防灾设施以及各种道路的具体位置。

8.3.7 在汶川地震、芦山地震中暴露出一些问题，如没有水和电、卫生间数量不足等，但这些问题可以通过储备应急发电机、增加应急水源、加设移动卫生间等应急设施来解决。

8.3.8 根据近些年避难场所规划和建设中关于洪水、内涝标准的处理问题，避难场所的设置应满足城市的防洪标准。避难场所的防洪设施不足，存在洪水威胁时，可按照保证重要避难功能区的标高不低于城市防洪水位和20a一遇的防洪水位加安全超高进行设计，中心避难场所安全超高不低于 0.5 m，固定避难场所不低于 0.3 m。

8. 3. 9 本条规定了避震疏散场所的布局和间距要求。防火安全带是隔离避震疏散场所与火源的中间地带，可以是空地、河流、耐火建筑以及防火树林带和其他绿化带。若避震疏散场所周围有木制建筑群、发生火灾危险性比较大的建筑或风速较大的区域，防火安全带的宽度要从严掌握。

8. 3. 10 “5 · 12”汶川地震引发山体多处滑坡，导致很多道路全部阻断，很多区域几乎不可能从陆路到达，形成孤岛。如地震后第五天茂县全县通往四处的道路仍被严重塌方堵塞，两千五百多名解放军和武警官兵是通过爬越崩塌的山岭赶到灾区进行救援的，医疗队、重伤病员和紧急救灾物资等只能通过直升机进行空中运送，在震后早期，空中力量可以及时了解灾情，为相关部门提供准确信息，指导抗震救灾的工作科学、及时、有效开展，有利于减轻地震灾害。

9 紧急处置能力建设

9.0.1 由于山地和丘陵城市受到地质地理环境的制约和限制，其基础设施尤其是交通设施的抗震能力十分薄弱，遭受地震影响后，山地和丘陵城市极易形成孤岛。只有生命线抢通后，外部救援力量和物资才能及时到达，抢通交通要道一般需要数十小时。所以，在外部救援力量和物资未能到达的数十小时内，应依靠当地自身力量最大限度地积极开展应急自救工作。

地震应急救援的主要目标是抢救伤员,力求把灾害造成的损失减少到最小。社区具有人口集中、密度大的特点，地震灾害往往在很短的时间内就造成重大的人员伤亡和财产损失，因此，地震发生后能否迅速地组织救援，直接影响到人员伤亡的数量。在地震救援初期，外界救援力量没有到达之前，即救援黄金时间主要依靠社区居民自救互救。多次地震救灾实践证明，大规模的救援工作在震后 1～2 d 以后才能开展，而救人最有效的时间是 72 h 之内,因此有组织地组织社区居民自救互救和自发地开展自救互救是减轻人员伤亡最重要的手段。

9.0.2 《中华人民共和国突发事件应对法》第十九条：城乡规划应当符合预防、处置突发事件的需要，统筹安排应对突发事件所必需的设备和基础设施建设，合理确定应急避难场所。

地震发生后短期内一般是指震后 72 h 以内。地震发生之后存在一个“黄金救援时间”，在此时间段内，受伤人员的存活率极高。历次大地震中，72 h 内的救援是最有效的救援方式。

在地震伤员救治上，时间至关重要，伤员被救时间越早，死亡越少。据解放军某部对 10 490 名唐山地震伤员的统计，被救时间与生存率的关系极为密切，震后 30 min 内挖出的伤员，救活率为 99.3%，震后第 1 天降为 81.0%，第 2 天为 36.7%，第 3 天为 33.7%，第 4 天为 19.0%，第 5 天仅为 7.4%。因此，震后必须尽可能快速进入灾区，争分夺秒挖掘和救治伤员。

9.0.3 本条主要依据《建筑给水排水设计规范》GB 50015 中对医院的生活用水定额要求，以及医院住院部为 100～400 L/(床位·d)，医务人员为 150～250 L/（人·班)，门诊部为 10～15 L（病人·次)。另外，《城市居民生活用水量标准》GB/T 50331 相关规定四川地区城市居民生活用水量标准为 100～140 L/(人·d)。

由于老弱妇幼的自理能力有限，尤其是幼儿，排泄之后需要清洗，所以老弱妇幼的用水要考虑其卫生清洗的需要。轻伤人员主要考虑伤口创伤部位的清洗等。重伤病员基本是躺在病床上且丧失自理能力，对他们除了考虑饮用外，还应考虑卫生清洗的需要。

9.0.4 根据地震灾害的特点，国际救援队提出三级救治的观点，即一级救治（现场救治)、二级救治（前方医院）、三级救治（后方医院)。地震伤员经过分类和现场急救后需要向后方医院分流。破坏性地震往往导致众多的死亡伤残，大量的伤员亟需救治，灾区的医疗机构和外来的应急医疗组织都难以承受数量如此之多的伤员，尤其是需要康复治疗的伤员。所以震区的伤员往往通过现场急救和初步分流后要及时送往非受灾地区的医疗机构。

一般而言，城市中最好的医院才会被选作应急医疗单位，在平时，这类医院本是人满为患，没有更多的医疗资源空闲出来，它们很难有大量的床位空闲着不用，这既不现实也不经济。另外，根据统计资料表明，震后一家应急医疗单位能有几百张床位就能基本满足灾后救护需要，因为大部分的重伤病员经过紧急的医疗处置之后会根据情况分三级进行后送。所以，没必要要求应急医疗单位平时就空着几百张床位不用，这部分床位可以通过储备简易折叠床来进行补充。

9.0.5 大型救灾机械设备主要有挖掘设备、起吊设备、路面清障设备、供水车等工程机械。消毒杀菌药品主要有碘酒、碘伏、酒精等药品，防止常见传染病的消毒液主要有过氧乙酸、次氯酸钠等。

9.0.6 本条规定了应急物资储备及分发系统的规划要求。应急物资保障系统包括了物资储备库和灾时应急物资储备区。物资储备是国家和区域层面的问题，储备规模除了需配合救助规模外，还要与储备物资的日常流通有关系，也与周边城镇的物资储备规模有关。核算应急物资储备用地规模时，应包括物资储备库和避难场所内的应急物资储备区用地之和。